AF065678

Diese Mitteilungen setzen eine von Erich Regener begründete Reihe fort, deren Hefte am Ende dieser Arbeit genannt sind.

Bis Heft 19 wurden die Mitteilungen herausgegeben von J. Bartels und W. Dieminger. Von Heft 20 an zeichnen W. Dieminger, A. Ehmert und G. Pfotzer als Herausgeber.

Das Max-Planck-Institut für Aeronomie vereinigt zwei Institute, das Institut für Stratosphärenphysik und das Institut für Ionosphärenphysik.

Ein **(S)** oder **(I)** beim Titel deutet an, aus welchem Institut die Arbeit stammt.

Anschrift der beiden Institute:

3411 Lindau

EIN MESSGERÄT ZUR BESTIMMUNG DER STRÖMUNGSGESCHWINDIGKEIT IN KURZEN ROHREN (IONENZÄHLERN) BEI NIEDRIGEM GASDRUCK

von

G. ROSE und H. U. WIDDEL

ISBN 978-3-540-03930-3 ISBN 978-3-642-48008-9 (eBook)
DOI 10.1007/ 978-3-642-48008-9

Inhaltsverzeichnis

1. Einleitung

Schon seit langem werden die Ionenkonzentration und das Spektrum der Ionenbeweglichkeiten N(k) in Gasen mit Aspirations- oder Gerdienkondensatoren, auch Ionenzähler genannt, gemessen [1]. Meist sind diese Ionenzähler als Zylinderkondensatoren aufgebaut, durch die das Gas hindurchgeblasen oder hindurchgesaugt wird. Ein elektrisches Feld zwischen den beiden Elektroden des Ionenzählers sorgt dafür, daß die Ionen in Richtung auf die Kondensatorplatten beschleunigt werden. (Das elektrische Feld wird durch eine angelegte Spannungsquelle erzeugt.) Abhängig von der Höhe der angelegten Spannung (wir wollen sie im folgenden als Saugspannung bezeichnen) und der Beweglichkeit der Ionen treffen pro Zeiteinheit mehr oder weniger viele Ladungsträger auf die Kondensatorplatten auf. Dort können sie als Leitungsstrom gemessen werden. Wird die Saugspannung variiert, so erhält man eine Strom-Spannungskennlinie, die bei genügend hoher Saugspannung eine Sättigung zeigt. Ist die Durchflußgeschwindigkeit des Gases durch das Aspirationssystem bekannt, so kann aus dem Sättigungsstrom die totale Trägerdichte $N_{tot.}$ bestimmt werden. Die Form der Strom-Spannungskennlinie gibt Aufschluß über das Beweglichkeitsspektrum der Ionen N(k). Wenn dafür gesorgt wird, daß die Sonde während der Messung als Ganzes elektrisch neutral bleibt, dann läßt sich durch geeignete Polung der Saugspannung die Trägerdichte $N_{tot.}$ und das Beweglichkeitsspektrum N(k) getrennt nach positiven und negativen Ladungsträgern bestimmen.

Die Genaugkeit, mit der die absoluten Ladungsträgerkonzentrationen und Beweglichkeitsspektren der Ionen bestimmt werden können, ist - neben anderen Faktoren, die hier aber nicht näher diskutiert werden sollen - direkt gegeben durch den Fehler der Geschwindigkeitsmessung des Gasstromes, der den Gerdien-Kondensator durchsetzt.

In Bodennähe, auch in Flugzeugen, bereitet die Messung der Durchströmungsgeschwindigkeit keine allzu großen Schwierigkeiten. Die Methoden hierfür sind gut bekannt und gründlich untersucht. Es lassen sich Genauigkeiten in der Größenordnung von einigen Prozent verhältnismäßig leicht erreichen.

Bereits im Bereich der D-Schicht der Ionosphäre aber, in Höhen zwischen 80 und 40 km, ist eine halbwegs zuverlässige Messung der Durchströmungsgeschwindigkeit ziemlich schwierig. Diesem Höhenbereich entspricht ein Druckbereich von 10^{-2} bis 2,5 Torr. Hier versagen entweder die herkömmlichen Methoden oder geben zu ungenaue Werte. Man kann zwar die Geschwindigkeit einer raketengetragenen oder an einem Fallschirm herabschwebenden Sonde aus den Bahnverfolgungsdaten eines oder mehrerer Radargeräte bestimmen, die so erhaltenen Werte sind jedoch nicht unbedingt immer mit der tatsächlichen Durchströmungsgeschwindigkeit der Sonde gleichzusetzen. Die Methode selbst ist außerdem vom System her mit nicht unbeträchtlichen Fehlerquellen behaftet. Von dieser Seite her gesehen, ist man versucht, Radardaten als Notbehelf zu betrachten. Es hat demnach also wenig Sinn, die Meßgenauigkeit der Sonden allein zu verbessern, wenn es nicht gleichzeitig gelingt, die Durchströmungsgeschwindigkeit der Sonde mit befriedigender Genauigkeit zu messen. Eine andere Alternative bestände darin, einen völlig neuen Sondentyp zu entwickeln, bei dem die Durchströmungsgeschwindigkeit keinen Einfluß mehr auf das Meßergebnis hat.

Wir haben uns zunächst der einfacheren Aufgabe zugewandt, ein Verfahren zu finden, mit dem die Strömungsgeschwindigkeit mit ausreichender Genauigkeit gemessen werden kann.

Eine recht naheliegende Lösungsmöglichkeit besteht darin, den Gasstrom zu markieren. Dann kann die Laufzeit des markierten Gaspaketes zwischen der Markierungsstelle und einem stromabwärts gelegenen Indikator gemessen werden. Eine solche Markierung läßt sich bequem durch Ionisation eines definierten Gasvolumens erzeugen. Hierfür kann man eine Röntgenblitzröhre oder ein radioaktives Präparat verwenden, das zum Beispiel mit einer rotierenden Blende abgedeckt wird. Ein Loch in der Blende gibt das Präparat für eine kurze Zeit frei. Ein solches Prinzip ist bereits früher von mehreren Autoren [2, 3, 4] vorgeschlagen worden. Dieses Verfahren wurde von uns auch experimentell untersucht und lieferte brauch-

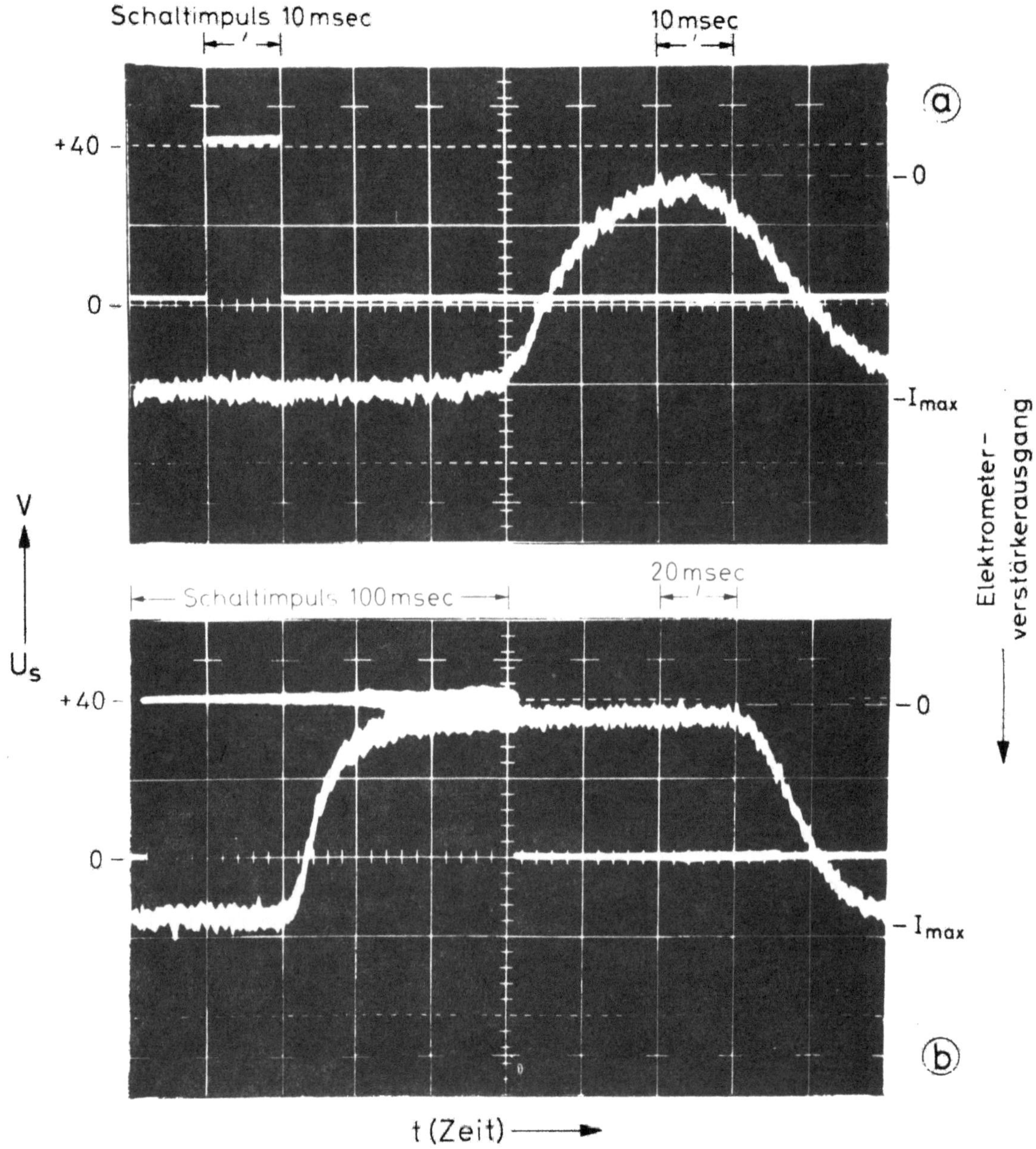

Abb. 1: Beispiel zweier Registrierungen nach dem Laufzeitverfahren. Die Markierung des Gasstromes erfolgte durch ein ionenfreies Gebiet, das durch einen elektrischen Verschluß erzeugt wurde. Die unscharfen Begrenzungen der Lücke rühren zum überwiegenden Teil von der zu geringen Einstellzeit des seinerzeit benutzten Stromverstärkers her und sind nicht nur durch Diffusions verursacht.

bare Ergebnisse. Vernünftigerweise wird man aber bei Messungen in der Ionosphäre ein umgekehrtes Verfahren anwenden, da zwischen 80 und 40 km bereits ausreichend viele Ladungsträger durch solare UV- und Röntgenstrahlen erzeugt werden. Man wird durch ein kurzzeitig angelegtes Feld, dessen Begrenzung durch die Elektrodenabmessungen gegeben ist, alle Ladungsträger aus einem vorgegebenen Volumen entfernen. Dadurch entsteht eine ladungsfreie Lücke, die mit der Strömung mitwandert. Auch diese Methode wurde von uns im Experiment untersucht. Zwar erwies sie sich ebenfalls als brauchbar, wie zwei Meßbeispiele (Abb. 1) zeigen sollen, doch wurden letztlich beide Methoden als endgültige Lösung verworfen, denn eine hohe Meßgenauigkeit ist mit diesen Verfahren nur in begrenzten Geschwindigkeitsbereichen zu erreichen: Weil die zu messenden Ionenströme klein sind, muß man empfindliche Elektrometer verwenden, deren Einstellzeiten aus verschiedenen Gründen kaum kleiner als eine Millisekunde sein können. Will man also genau messen, so benötigt man bei höheren Durchströmungsgeschwindigkeiten ziemlich lange Laufstrecken für das markierte Gaspaket. Dann aber spielt die Diffusion bereits eine erhebliche Rolle: Im Falle der Markierung durch ein Ionenpaket läuft dieses auseinander, in ein ionenfreies Loch diffundieren Ladungsträger hinein und füllen es auf, wodurch eine exakte Messung recht schwierig wird. Weiterhin muß man berücksichtigen, daß bei langen Laufräumen durch Wandreibung ein Staurohr-Effekt auftritt, der leicht übersehen wird und die Strömungsverhältnisse erheblich verfälschen kann. In kurzen Rohren ist dieser Effekt zunächst von untergeordneter Bedeutung.

Schließlich aber bereitet die Übermittlung der Meßdaten über ein Telemetriesystem so große Schwierigkeiten, daß der hierfür erforderliche Aufwand in keinem rechten Verhältnis zum Nutzen des Meßgerätes zu stehen schien und nach einer besseren Lösung gesucht wurde. Es wurde deshalb der in der vorliegenden Arbeit beschriebene Strömungsmesser entwickelt und in zahlreichen Modellversuchen in einer Vakuumkammer eingehend erprobt.

2. Beschreibung des Meßprinzips

Die Meßvorrichtung und ihre prinzipielle Funktionsweise ist denkbar einfach. Sie besteht je nach den Bedingungen, unter denen gemessen werden soll, aus zwei hintereinander angeordneten zylindrischen oder ebenen Kondensatoren, die sich in einem Rohr von kreisförmigem oder rechteckigem Querschnitt befinden. Durch geeignete Maßnahmen werden die beiden Systeme elektrostatisch voneinander entkoppelt und dafür gesorgt, daß der Einfluß von Streufeldern an den Kondensator-Begrenzungen klein bleibt (Abb. 2).

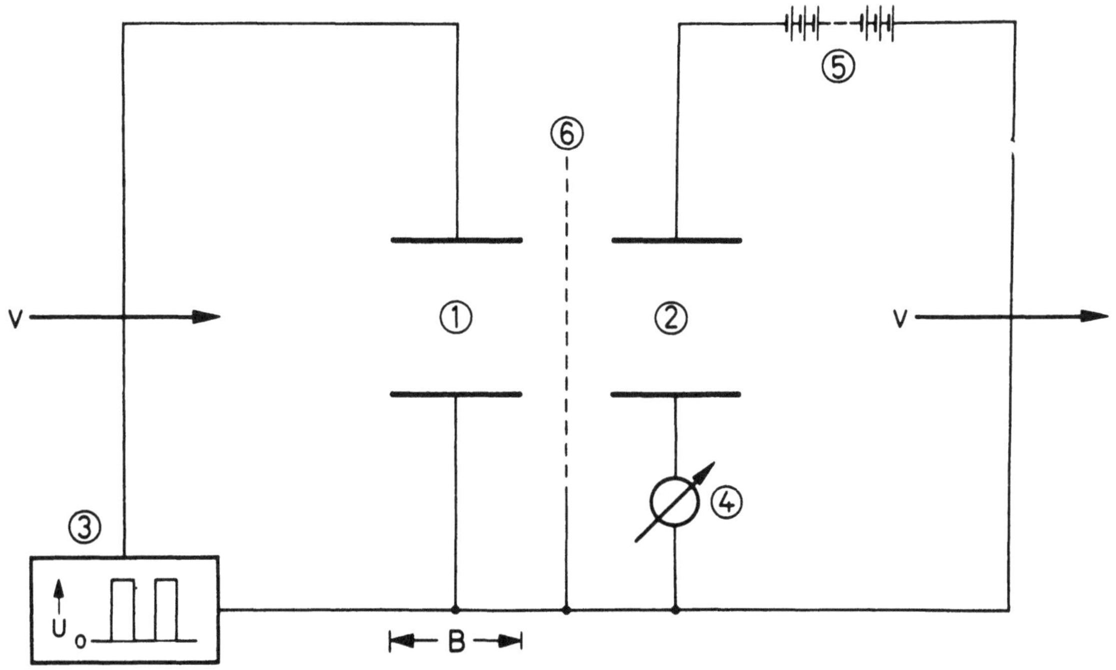

Abb. 2: Schematische Darstellung der Meßanordnung:
1.) Modulations-Kondensator
2.) Abfangkondensator
3.) Generator für die intermittierende Gleichspannung U_s am Modulator
4.) Den Abfangstrom mittelndes Instrument
5.) Abfang-Spannungsquelle
6.) Schirmung

Der an der Einströmöffnung gelegene Kondensator wird mit einer rechteckförmig pulsierenden, zeitlich symmetrischen Gleichspannung verbunden. Der hintere Kondensator ist über einen den Strom mittelnden Meßverstärker (Integrator) an eine ausreichend hohe, konstante Gleichspannung angeschlossen. Durch den Kondensator am Eingang des Strömungsmessers werden so in periodischer Folge alle Ionen aus dem durchströmenden Gas entfernt. Am hinteren Kondensatorsystem wird der mittlere Strom gemessen, den diejenigen Ionen erzeugen, die während der Schaltpausen ($U_s = 0$) den vorderen Kondensator passieren. Erhöht man die Schaltfrequenz der symmetrischen Gleichspannung, ohne dabei die Durchströmungsge - schwindigkeit zu verändern, so wird die Zeit, die den Ionen zum Passieren des vorderen Kondensators zur Verfügung steht, immer kürzer, wodurch ihre Zahl im Gasstrom hinter dem Modulator im Mittel mit der Frequenz abnimmt. Schließlich wird es, wie man ohne weiteres einsieht, bei endlicher Länge des vorderen Kondensators eine von der Durchströmungsgeschwindigkeit abhängige "Grenzfrequenz" für die modulierende Rechteck-Spannung geben, oberhalb der keine Ionen mehr im Gasstrom zum hinteren Kondensator transportiert werden können. Diese "Grenzfrequenz" ist erreicht, wenn die intermittierende Gleichspannung am vorderen System immer wieder gerade dann eingeschaltet wird, wenn sich die Grenze "ionenfreies Gas - Plasma" von der vorderen Begrenzung des Kondensators zu seinem Ende hin bewegt hat. In diesem Falle (und auch bei höheren Schaltfrequenzen) werden alle Ionen aus dem Gasstrom entfernt.

In den folgenden beiden Abschnitten wird gezeigt, daß der Zusammenhang zwischen dem mittleren Ionenstrom im Abfangsystem und der Modulationsfrequenz linear ist, wenn nur Ionen mit einer einheitlichen Beweglichkeit vorhanden sind, die Diffusion vernachlässigt werden darf und die Strömungsgeschwindigkeit über dem Rohrquerschnitt hinreichend konstant ist.

Enthält der Gasstrom Ionen mit verschiedenen Beweglichkeiten k_1, $k_2 \ldots k_n$ oder ist gar ein kontinuierliches Beweglichkeitsspektrum vorhanden, so läßt sich der Verlauf des resultierenden mittleren Stromes $\bar{I}_{res}$ im Abfangsystem als Funktion der Modulationsfrequenz f durch Addition bzw. durch Integration der mittleren Teilströme $\bar{I}(f)$ berechnen. Es zeigt sich, daß auch in diesem Fall, der in der Praxis meist vorliegt, die Strömungsgeschwindigkeit durch das Rohr noch relativ einfach bestimmt werden kann.

3. Quantitative Behandlung

3.1 Vereinfachtes Modell: Im Gasstrom sind Ionen unendlich hoher Beweglichkeit vorhanden

Zunächst soll ein idealisierter Fall betrachtet werden. Wir nehmen im folgenden an, daß alle vorhandenen Ionen eine unendlich große Beweglichkeit besitzen, die Strömungsgeschwindigkeit über dem ganzen Kondensatorquerschnitt konstant ist und der Einfluß der Diffusion sowie Störungen durch Streufelder an den Rändern der beiden Zylinderkondensatoren vernachlässigt werden können.

In diesem Falle fängt der vordere Kondensator während der Zeit $\frac{T}{2}$, in der an ihm eine Spannung anliegt, alle Ionen aus dem Luftstrom ab, während sie ungehindert passieren können, solange die Spannung null ist. Es entsteht also am Ausgang des vorderen Kondensators eine räumliche Ionendichte-Welle, die sich mit der Geschwindigkeit v auf den hinteren Kondensator, das Abfangsystem, zubewegt. Dort erzeugt sie rechteckförmige, jedoch zeitlich unsymmetrische Stromimpulse. Die Ionendichte-Welle ist nämlich im Gegensatz zur zeitlich symmetrischen Modulationsspannung, die am vorderen Kondensator anliegt, räumlich unsymmetrisch: Auf eine größere Strecke ohne Ionen folgt eine kleinere, die Ionen enthält (siehe Abb. 3). Dies liegt daran, daß bereits ein beliebig kurzer Spannungsimpuls am vorderen Kondensator im Gasstrom ein ionenfreies Gebiet erzeugt, das über eine Kondensatorlänge B ausgedehnt ist; (wir hatten unendlich große Beweglichkeit vorausgesetzt).

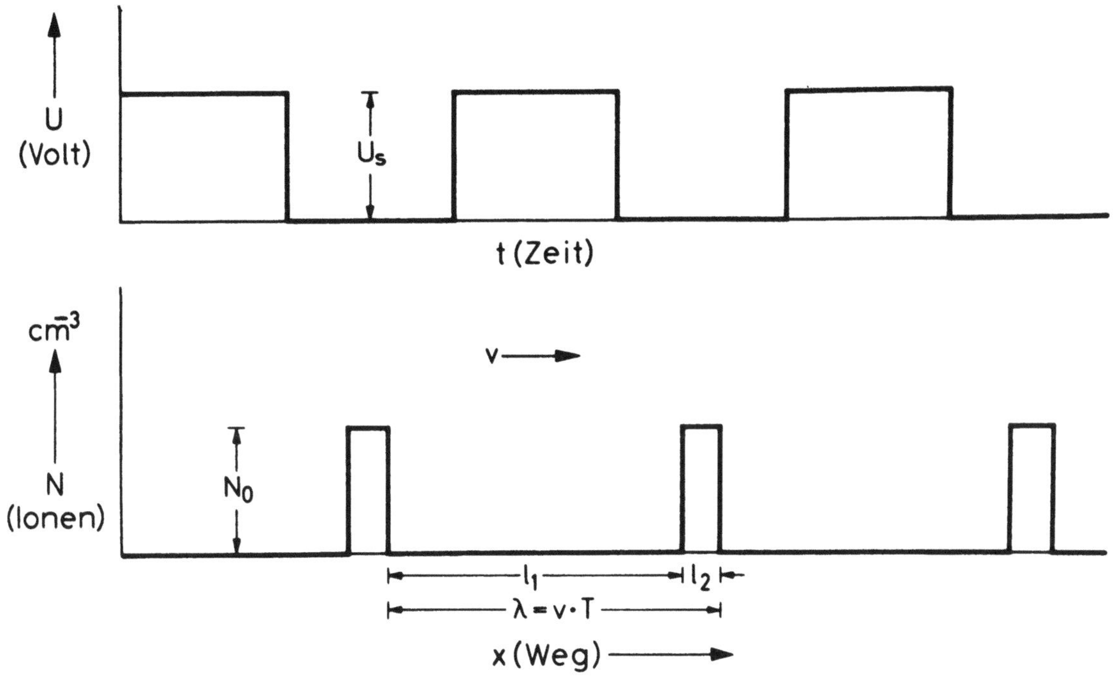

Abb. 3: Zeitlicher Verlauf der Modulationsspannung (oben) und Ionendichte im Gasstrom hinter dem Modulationskondensator (unten); nicht berücksichtigt ist Diffusion.

Bezeichnet man die Länge der größeren ionenfreien Strecken nach dem Austritt des Gasstrahles aus dem ersten Kondensator wie in Abb. 3 mit l_1 und die kleineren Strecken mit Ionen mit l_2, ferner die Wellenlänge mit $\lambda = l_1 + l_2$, die Strömungsgeschwindigkeit mit v und die Periodendauer der modulierenden Spannung mit T, so ist einerseits

$$l_1 + l_2 = \lambda = v \cdot T, \tag{3.1.1}$$

andererseits hat man, wenn B die Länge des vorderen modulierenden Kondensators bezeichnet,

$$l_1 = v \cdot \frac{T}{2} + B = \frac{v}{2 \cdot f} + B, \tag{3.1.2}$$

$$l_2 = v \cdot \frac{T}{2} - B = \frac{v}{2 \cdot f} - B. \tag{3.1.3}$$

Aus Gl. (3.1.3) folgt sofort die Grenzfrequenz f_g, für die l_2 null wird:

$$f_g = \frac{v}{2 \cdot B}. \tag{3.1.4}$$

Mit den Gleichungen (3.1.1), (3.1.2) und (3.1.3) erhält man für die über eine Wellenlänge $\lambda = l_1 + l_2$ gemittelte Ionendichte am Ausgang des ersten Kondensators im Strömungsmesser:

$$\overline{N} = N_o \frac{l_2}{l_1 + l_2} = N_o \cdot \left(\frac{1}{2} - \frac{B}{v} \cdot f \right) \quad \text{für} \quad f \leqq f_g,$$
$$\overline{N} = 0 \quad \text{für} \quad f \geqq f_g, \tag{3.1.5}$$

wenn N_o die Trägerdichte außerhalb des Systems ist.

Der mittlere Strom im Abfangsystem wird damit, wenn q den Sondenquerschnitt bezeichnet:

$$\bar{I} = \bar{N} \cdot e \cdot q \cdot v = N_o \cdot e \cdot q \left(\frac{v}{2} - B \cdot f\right) \quad \text{für} \quad f \leqq f_g ,$$
$$\bar{I} = 0 \quad \text{für} \quad f \geqq f_g ; \tag{3.1.6}$$

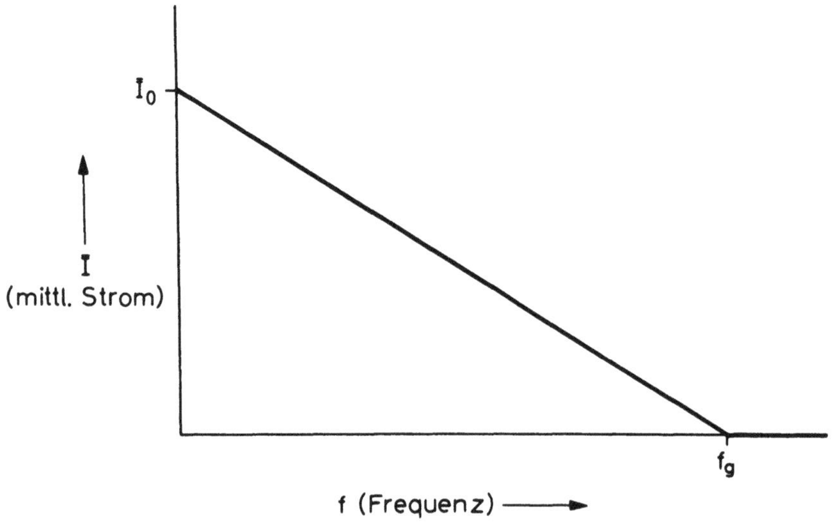

d.h. die Abhängigkeit von $\bar{I}$ von der Schaltfrequenz f ist linear, wie Abb. 4 zeigt. Wie man sieht, wäre in diesem idealisierten Fall der Verlauf der Geraden $\bar{I}(f)$ durch zwei Messungen mit $f < f_g$ bestimmt, womit f_g und nach Gl. (3.1.4) auch die Strömungsgeschwindigkeit bekannt wären. Man erhält:

$$v = 2 \cdot B \cdot \frac{\bar{I}_1 \cdot f_2 - \bar{I}_2 \cdot f_1}{\bar{I}_1 - \bar{I}_2} \tag{3.1.7}$$

Abb. 4: Mittlerer Abfangstrom $\bar{I}$ als Funktion der Modulationsfrequenz für Ionen mit einer einheitlichen Beweglichkeit.

Bereits in diesem vereinfachten Modell erkennt man den Vorteil, den die hier beschriebene Anordnung gegenüber der zuerst beschriebenen Methode der Laufzeitmessung bietet: Es werden nur mittlere Gleichströme gemessen. Damit wird das Problem, Elektrometerverstärker mit kleiner Einstellzeit zu konstruieren, weitgehend hinfällig. Ferner wird ein Laufraum für die markierten Gaspakete nicht mehr benötigt. Man kann im Grenzfall die beiden Zylinderkondensatoren des Strömungsmessers direkt hintereinander anordnen, wenn nur gewährleistet ist, daß sie elektrostatisch voneinander entkoppelt sind. Schwierigkeiten, die sich aus Diffusionsvorgängen der Ladungsträger nach einem längeren Verweilen in einem Laufraum ergeben, können somit vermieden werden.

3.2 Erweitertes Modell: Im Gasstrom sind Ionen mit einer einheitlichen, endlich großen Beweglichkeit vorhanden.

Als nächstes soll nun der Fall betrachtet werden, daß die Ionen alle eine einheitliche Beweglichkeit k besitzen. In einem homogenen elektrischen Feld nehmen die Ionen mit der Beweglichkeit k eine konstante mittlere Driftgeschwindigkeit in Richtung des Feldes $\bar{v} = k \cdot E$ an, wenn man über Wege mittelt, die sehr groß sind im Vergleich zur mittleren freien Weglänge der Gasmoleküle. $\bar{v} = k \cdot E$ gilt auch für die Driftgeschwindigkeit der Ionen in inhomogenen Feldern, wenn sich die Feldstärke E nur langsam, d.h. über viele freie Weglängen merklich ändert. Die endliche Beweglichkeit k hat zur Folge, daß die Dichte N der Ladungsträger am Eingang des vorderen Kondensators nicht unstetig von $N = N_o$ auf $N = 0$ springt, wenn die Schaltspannung U_s angelegt wird. Es fällt vielmehr die über den Kondensatorquerschnitt gemittelte Ionendichte N_q auf einer endlichen Wegstrecke x_L, der Abfanglänge des Kondensators, stetig auf null ab. Dieser Abfall von N_q erfolgt linear mit dem Abstand x vom Eingang des Kondensators nach der Gleichung:

$$N_q(x) = N_o \cdot \left(1 - \frac{x}{x_L}\right) \quad \text{für} \quad x \leqq x_L . \tag{3.2.1}$$

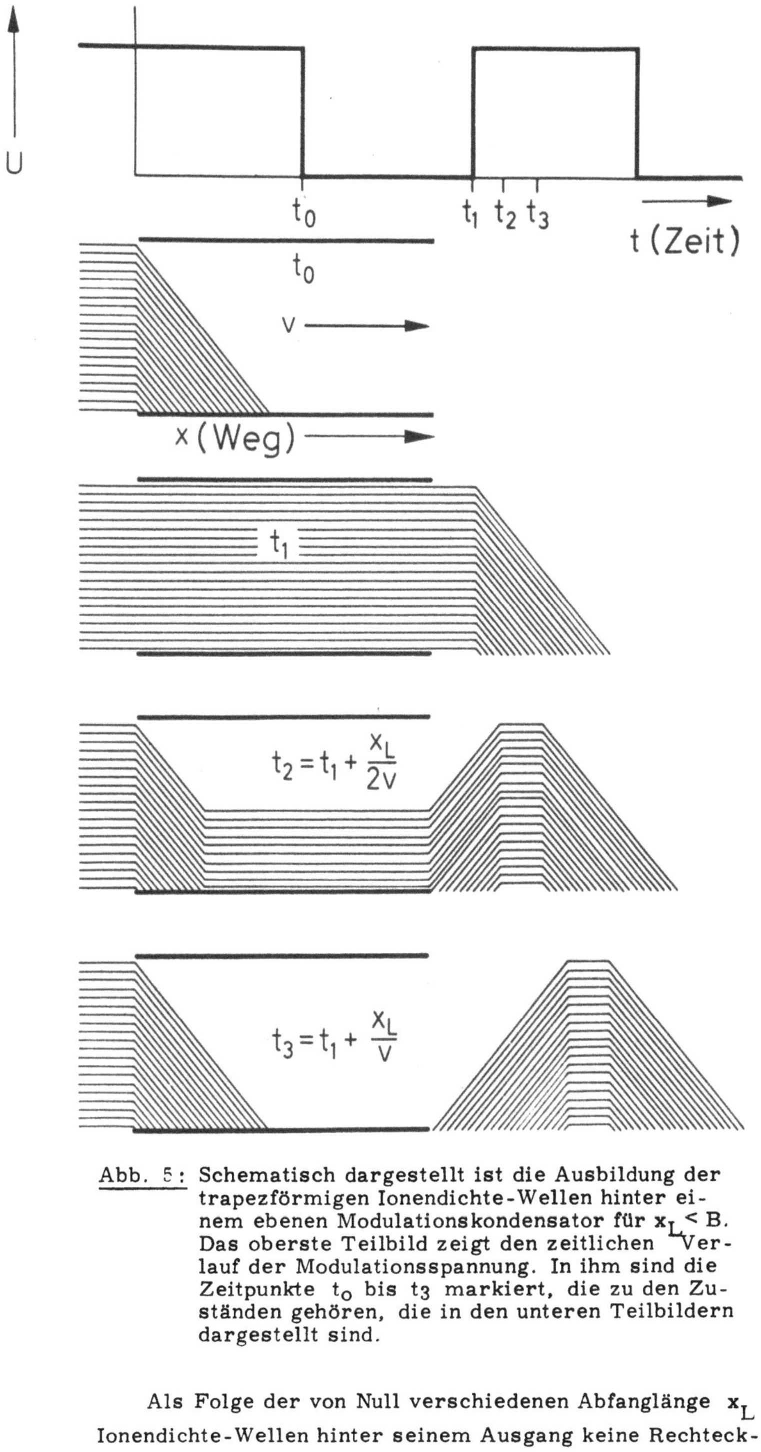

Abb. 5: Schematisch dargestellt ist die Ausbildung der trapezförmigen Ionendichte-Wellen hinter einem ebenen Modulationskondensator für $x_L < B$. Das oberste Teilbild zeigt den zeitlichen Verlauf der Modulationsspannung. In ihm sind die Zeitpunkte t_0 bis t_3 markiert, die zu den Zuständen gehören, die in den unteren Teilbildern dargestellt sind.

Ferner gilt

$$N_q(x) = 0 \qquad \text{für} \quad x \geqq x_L$$

wenn

$$x_L = \frac{R^2 - r^2}{4 \cdot C \cdot k \cdot U_s} \cdot B \cdot v = \frac{P \cdot v}{k \cdot U_s} \qquad (3.2.2)$$

kleiner ist als die Kondensatorlänge B.

Gl. (3.2.1) und Gl. (3.2.2) werden im Anhang abgeleitet.

In Gl. (3.2.1) und (3.2.2) bedeuten:

$N_q(x)$: über den freien Querschnitt $q = \pi(R^2 - r^2)$ des vorderen Kondensators gemittelte Ionendichte an der Stelle x,

x : Abstand von der Eintrittsöffnung des vorderen Kondensators,

x_L : Abfanglänge,

R : großer Radius des vorderen Zylinderkondensators,

r : kleiner Radius des vorderen Zylinderkondensators,

C : Kapazität des vorderen Kondensators,

k : Ionenbeweglichkeit,

U_s : Spitzenwert der am vorderen Kondensator anliegenden intermittierenden Gleichspannung (U_s wird im folgenden auch als Schaltspannung bezeichnet),

B : Länge des vorderen Kondensators,

v : Strömungsgeschwindigkeit des mit Ionen beladenen Gases (senkrecht zum Kondensatorquerschnitt),

P : $\frac{B(R^2 - r^2)}{4C}$ Parameter des vorderen Kondensators (nicht zu verwechseln mit dem Gasdruck p).

Als Folge der von Null verschiedenen Abfanglänge x_L des modulierenden Kondensators haben die Ionendichte-Wellen hinter seinem Ausgang keine Rechteck- sondern Trapezform, wenn man als ihre momentane Amplitude an einer Stelle x hinter dem Modulator die über dem betreffenden Rohrquerschnitt gemittelte Ionendichte N_q ansieht.

Wie sich diese trapezförmigen Ionendichte-Impulse nach dem Verlassen des modulierenden Kondensators beim Anlegen der intermittierenden Gleichspannung U_s ausbilden, ist schematisch für den Fall eines ebenen Modulationskondensators mit $x_L < B$ in Abb. 5 dargestellt. Es sei bemerkt, daß man die Gleichung (3.2.1) sowohl für den ebenen Kondensator als auch für den zylindrischen erhält (natürlich gilt im ebenen Fall ein anderer x_L-Wert, der hier aber nicht interessiert). Abb. 5 gibt daher im Prinzip die wahren Verhältnisse richtig wieder, insbesondere die Trapezform der Ionendichte-Welle.

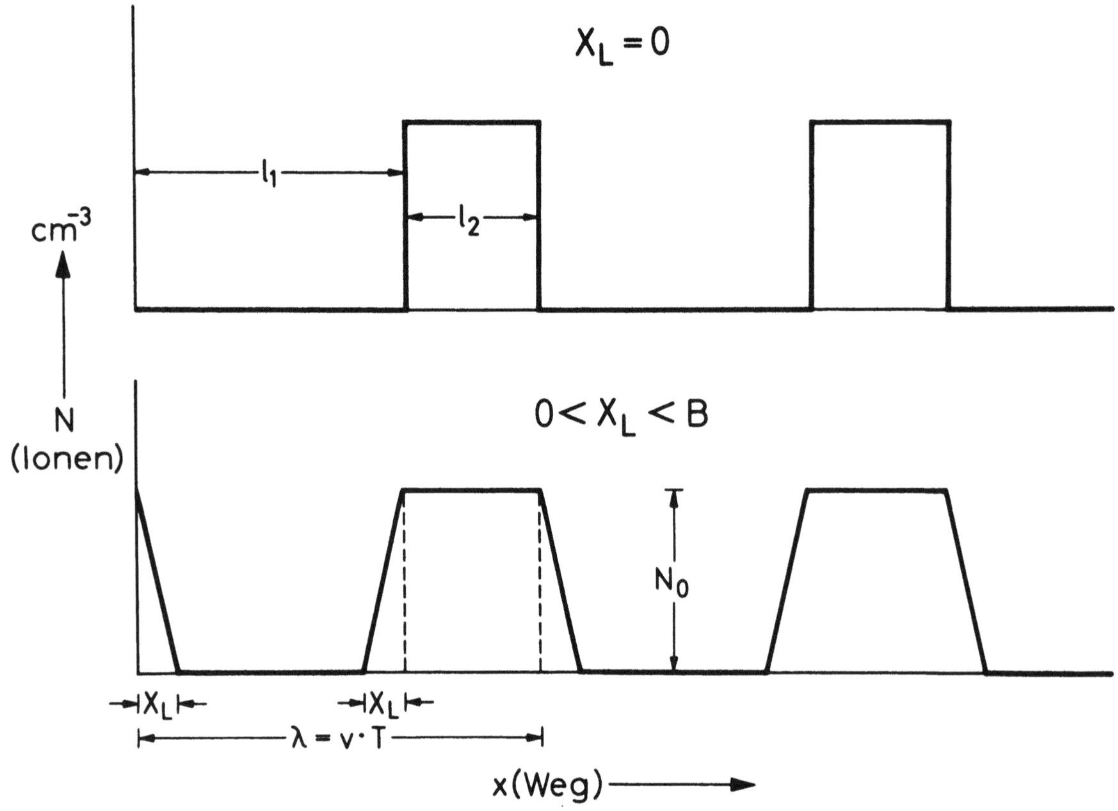

Abb. 6: Gegenüberstellung der Ionendichte-Wellen für Ionen mit unendlich großer ($x_L = 0$, oberes Teilbild) und mit endlicher Beweglichkeit (mit $x_L < B$, unteres Teilbild).

Damit können aber die den Gl. (3.1.5) und (3.1.6) entsprechenden Beziehungen für den Fall, daß $x_L \leqq B$ ist, hingeschrieben werden. Betrachtet man Abb. 6, in der die Ionendichte-Werte $N_q(x)$ hinter dem modulierenden Kondensator für unendlich große Beweglichkeit der Ionen (d.h. für $x_L = 0$) und für endliche Beweglichkeit k mit endlichem $x_L \leqq B$ einander gegenübergestellt sind, so erkennt man die Richtigkeit der beiden folgenden Gleichungen ohne weiteres und erhält für die über eine Wellenlänge gemittelte Ionendichte $\overline{N}$ im Gasstrom hinter dem modulierenden Kondensator, wenn $x_L \leqq B$ ist:

$$\overline{N} = N_o \frac{l_2 + x_L}{l_1 + l_2} = N_o \cdot \left(\frac{1}{2} + \frac{x_L - B}{v \cdot T} \right) \qquad \text{für} \quad f \leqq f_g$$

und (3.2.3)

$$\overline{N} = 0 \qquad \text{für} \quad f \geqq f_g,$$

womit sich der mittlere Strom am Abfangkondensator für $x_L \leqq B$ zu

$$\overline{I} = N_o \cdot e \cdot q \cdot \left[\frac{v}{2} - (B - x_L) \cdot f \right] \qquad \text{für} \quad f \leqq f_g$$

(3.2.4)

und $$\overline{I} = 0 \qquad \text{für} \quad f \geqq f_g$$

ergibt. Der Vergleich von Gl. (3.2.4) mit Gl. (3.1.6) zeigt, daß die endliche Beweglichkeit der Ionen so wirkt, als ob der modulierende Kondensator um die Abfanglänge x_L kürzer wäre. Ferner berechnet man mit der Bedingung $\overline{I} = 0$ aus Gl. (3.2.4) die Grenzfrequenz des Systems zu:

$$f_g = \frac{v}{2 \cdot (B - x_L)} \qquad (3.2.5)$$

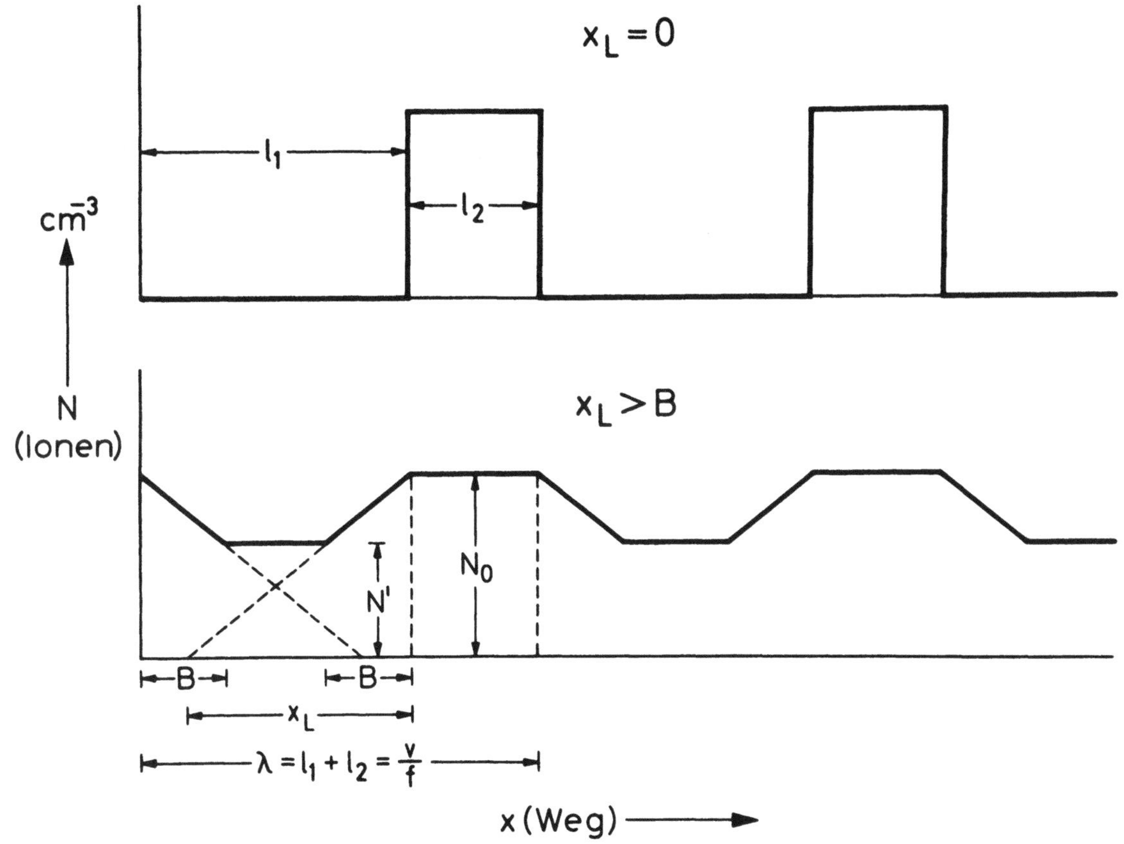

Abb. 7: Gegenüberstellung der Ionendichte-Wellen für Ionen mit $x_L = 0$ und mit $x_L > B$.

und hieraus die Durchströmungsgeschwindigkeit v zu

$$v = 2 \cdot (B - x_L) \cdot f_g . \tag{3.2.6}$$

Da x_L wegen Gl. (3.2.2) mit $\frac{1}{U_s}$ gegen Null strebt, könnte man daran denken, mit so großen Schaltspannungen U_s zu arbeiten, daß x_L gegenüber B vernachlässigbar klein ist. Das stößt jedoch auf Schwierigkeiten, weil dann der Einfluß von Streufeldern nicht ohne weiteres vernachlässigt werden darf.

Um zu zeigen, wie man dennoch v mit großer Genauigkeit vermessen kann und welche Bedingungen dabei erfüllt sein müssen, insbesondere dann, wenn ein ganzes Beweglichkeitsspektrum vorliegt, muß zunächst noch der Fall, daß $x_L > B$ ist, betrachtet werden. Mit $x_L > B$, d.h. $U_s < \frac{P \cdot v}{B \cdot k}$ (vgl. Gl. (3.2.2)) wäre es, wie man sofort sieht, selbst dann nicht mehr möglich, sämtliche Ionen aus dem Gas im vorderen System abzufangen, wenn die Spannung U_s nicht intermittierend, sondern permanent am vorderen System anliegen würde.

Wie sich die Verhältnisse dann gestalten, ist in Analogie zu Abb. 6 durch Gegenüberstellung von Ionendichte-Wellen für $x_L = 0$ und $x_L > B$ in Abb. 7 verdeutlicht.

Aus Abb. 7 entnimmt man mit den dort eingeführten Bezeichnungen:

$$N' = N_o \cdot \left(1 - \frac{B}{x_L}\right) \tag{3.2.7}$$

und

$$\overline{N} = \frac{1}{\lambda} \cdot \left[N_o \cdot l_2 + N' \cdot l_1 + B \cdot (N_o - N') \right]. \qquad (3.2.8)$$

Setzt man die Ausdrücke für l_1 und l_2 (vgl. Gl. (3.1.2) und (3.1.3)), $\lambda = l_1 + l_2$ und N' in Gl. (3.2.8) ein, so erhält man schließlich für $x_L \geqq B$ die Beziehung für $\overline{N}$ und $\overline{I}$:

$$\overline{N} = N_o \cdot (1 - \frac{1}{2} \cdot \frac{B}{x_L}), \qquad (3.2.9)$$

für $x_L \geqq B$

$$\overline{I} = N_o \cdot e \cdot q \cdot v \cdot (1 - \frac{1}{2} \cdot \frac{B}{x_L}). \qquad (3.2.10)$$

$\overline{N}$ und $\overline{I}$ sind also im Falle $x_L \geqq B$ von f unabhängig, d.h. konstant.

Stellt man die Gl. (3.2.4) und (3.2.10) noch einmal in etwas anderer Form einander gegenüber, so hat man damit:

1.) wenn $x_L \leqq B$ d.h. $U_s \geqq \frac{P \cdot v}{B \cdot k}$ ist, (3.2.11)

dann gilt:

$$\overline{I}_k = N_k \cdot e \cdot q \cdot \frac{v}{2} \cdot (1 - \frac{f}{f_g}) \quad \text{für } f \leqq f_g$$

$$\text{und} \quad \overline{I}_k = 0 \quad \text{für } f \geqq f_g \qquad (3.2.12)$$

$$\text{mit} \quad f_g = \frac{v}{2 \cdot (B - \frac{P \cdot v}{k \cdot U_s})} \qquad (3.2.13)$$

2.) wenn $x_L \geqq B$ d.h. $U_s \leqq \frac{P \cdot v}{B \cdot k}$ ist, (3.2.14)

dann gilt:

$$\overline{I}_k = N_k \cdot e \cdot q \cdot v \cdot (1 - \frac{1}{2} \frac{B \cdot k}{P \cdot v} \cdot U_s) \qquad (3.2.15)$$

$$\text{mit} \quad f_g = \infty .$$

In Gl. (3.2.12) und (3.2.15) ist der zu den N_k-Ionen mit der Beweglichkeit k gehörende, mittlere Strom mit $\overline{I}_k$ bezeichnet worden. Mit den beiden Gleichungen (3.2.12) und (3.2.15) kann für den Fall, daß nur Ionen mit einer einheitlichen Beweglichkeit im Gasstrom vorhanden sind, ein vollständiges Kennlinienfeld $\overline{I}$ (f, U_s = konst.) berechnet werden. Es hat etwa, wie man sich überzeugt, ein wie in Abb. 8 (oben) dargestelltes Aussehen. (An dieser Stelle sei auch schon, zunächst noch ohne weiteren Kommentar, auf ein Kennlinienfeld - Abb. 8 unten - hingewiesen, das in unserer Vakuumanlage vermessen wurde. Der Verlauf der einzelnen Geraden $\overline{I}$ (f, U_s = konst.) wurde durch je zwei Meßpunkte, f_1 = 5 Hz und f_2 = 9 Hz, festgelegt.

Betrachtet man nur die Geraden mit $U_s > \frac{P \cdot v}{B \cdot k}$, d.h. $x_L < B$, und die dazugehörigen Grenzfrequenzen $f_g(U_s)$, so kann man Gl. (3.2.13) in der Form

$$\frac{1}{f_g} = \frac{2 \cdot B}{v} - \frac{2 \cdot P}{k} \cdot \frac{1}{U_s} \qquad (3.2.16)$$

schreiben.

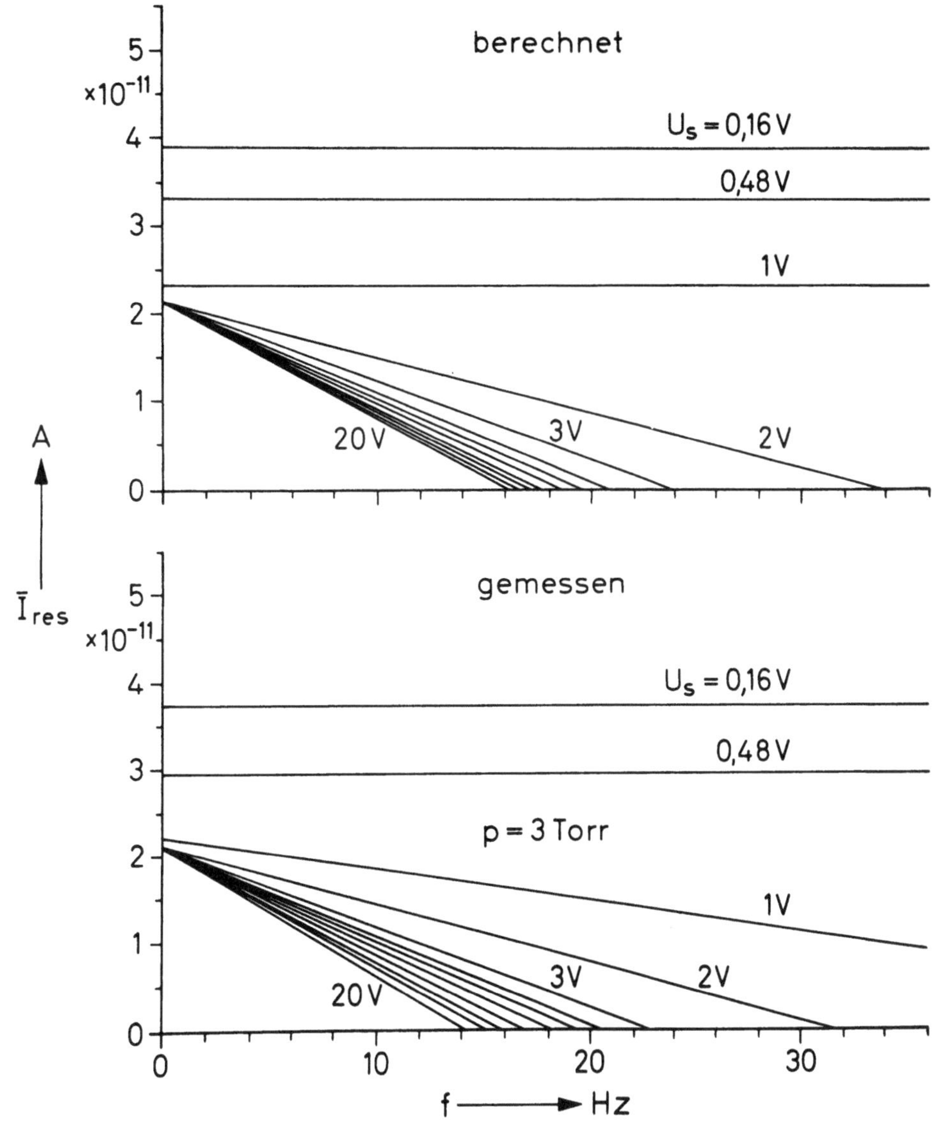

Abb. 8: Darstellung eines gemessenen und eines berechneten Kennlinienfeldes $\bar{I}_{res}$ (f, Us = konst.). Die im unteren Teilbild dargestellten linearen Komponenten des experimentellen Kennlinienfeldes wurden alle aus Messungen auf den beiden Frequenzen 5 Hz und 9 Hz gewonnen. Das obere Kennlinienfeld wurde unter Annahme von Ionen mit einer einheitlichen Beweglichkeit berechnet.

Es besteht damit ein linearer Zusammenhang zwischen $\frac{1}{f_g}$, dem Kehrwert der Grenzfrequenzen, und $\frac{1}{U_s}$, dem Kehrwert der intermittierend am modulierenden System anliegenden Gleichspannung, aus dem man durch Extrapolation auf $\frac{1}{U_s} = 0$ den Grenzwert f_g^* erhält. Mit diesem ergibt sich die Durchströmungsgeschwindigkeit v nach Gl. (3.2.16) zu:

$$v = 2 \cdot B \cdot f_g^* \tag{3.2.17}$$

3.3 Die Erweiterung der Theorie für den Fall, daß ein Ionen-Beweglichkeitsspektrum vorliegt

Betrachtet man nun den Fall, daß im Gasstrom nicht mehr Ionen mit einer einheitlichen Beweglichkeit vorhanden sind, sondern eine spektrale Verteilung der Ionen auf verschiedene Beweglichkeiten vorliegt, so kann man aus dem sich dann ergebenden Kennlinienfeld $\bar{I}_{res}$ (f, U_s = konst.) unter noch näher anzugebenden Bedingungen wiederum Grenzfrequenzen $\bar{f}_g(U_s)$ erhalten. Es besteht für diese eine zu Gl. (3.2.16) völlig analoge Beziehung, aus der sich dann wie vorher ohne weiteres die gesuchte Durchströmungsgeschwindigkeit ergibt.

Im einzelnen erhält man folgende Aussagen, die des besseren Verständnisses wegen der nachfolgenden Rechnung vorangestellt sein mögen:

1.) Ist k_{max} die größte im Spektrum vorkommende Beweglichkeit und ist $U_s > \frac{P \cdot v}{B \cdot k_{max}}$, so erhält man, sofern die Diffusion vernachlässigt werden darf, für $\bar{I}_{res}$ (f, U_s = konst.) einen Ausdruck, der im Bereich

$$0 < f \leqq \frac{v}{2 \cdot \left(B - \frac{P \cdot v}{U_s \cdot k_{max}}\right)}$$

eine exakt lineare Beziehung zwischen $\bar{I}_{res}$ und f darstellt. Oberhalb des Linearitätsbereiches tritt eine Abweichung nach zu großen Werten von $\bar{I}_{res}$ hin auf. Für $U_s < \frac{P \cdot v}{B \cdot k_{max}}$ ist $\bar{I}_{res}$ konstant. Der Wert von $\bar{I}_{res}$ wird dann nur noch durch die Höhe der Schaltspannung U_s bestimmt.

2.) Ist k_{min} die geringste im Spektrum enthaltene Beweglichkeit und extrapoliert man den linearen Bereich der Funktionen $\bar{I}_{res}$ (f, U_s = konst. $> \frac{P \cdot v}{B \cdot k_{min}}$), so schneiden die sie repräsentierenden Geraden die f-Achse bei Frequenzen $\bar{f}_g = \bar{f}_g(U_s)$. Für die Kehrwerte der $\bar{f}_g$ besteht die zu Gl. (3.2.16) analoge Beziehung:

$$\frac{1}{\bar{f}_g} = \frac{2 \cdot B}{v} - \frac{2 \cdot P \cdot \int\limits_{\text{alle } k} \frac{N(k)}{k} \cdot dk}{\int\limits_{\text{alle } k} N(k) \cdot dk} \cdot \frac{1}{U_s}, \tag{3.3.1}$$

woraus sich wieder durch Extrapolation nach $\frac{1}{U_s} = 0$ die wahre Grenzfrequenz und damit nach Gl. (3.2.17) die gesuchte Strömungsgeschwindigkeit v ergibt. (Auch die linearen Fortsetzungen derjenigen Funktionen $\bar{I}_{res}$, für die $U_s > \frac{P \cdot v}{B \cdot k_{max}}$ gilt, schneiden die f-Achse; jedoch ist für die "Grenzfrequenzen" dieser Funktionen Gl. (3.3.1) nicht erfüllt.)

Rechnerisch erhält man den von allen Ionen mit den verschiedenen Beweglichkeiten k verursachten Strom, wenn ein Linienspektrum vorliegt, durch sinngemäße Addition der Gleichungen (3.2.12) und (3.2.15) unter Beachtung der Bedingungen (3.2.11) und (3.2.14) zu:

$$\begin{aligned} \bar{I}_{res}(f, U_s = \text{konst}) = e \cdot q \cdot v \cdot \Bigg[\frac{1}{2} \sum_{\text{alle } k > \frac{P \cdot v}{B U_s}} N_k + \sum_{\text{alle } k \leqq \frac{P \cdot v}{B U_s}} N_k \cdot \left(1 - \frac{1}{2} \cdot \frac{B \cdot k \cdot U_s}{P \cdot v}\right) \Bigg] \\ - f \cdot e \cdot q \sum_{\text{alle } k > \frac{P \cdot v}{B U_s}} \left(B - \frac{P \cdot v}{k \cdot U_s}\right) \cdot N_k \end{aligned} \tag{3.3.2}$$

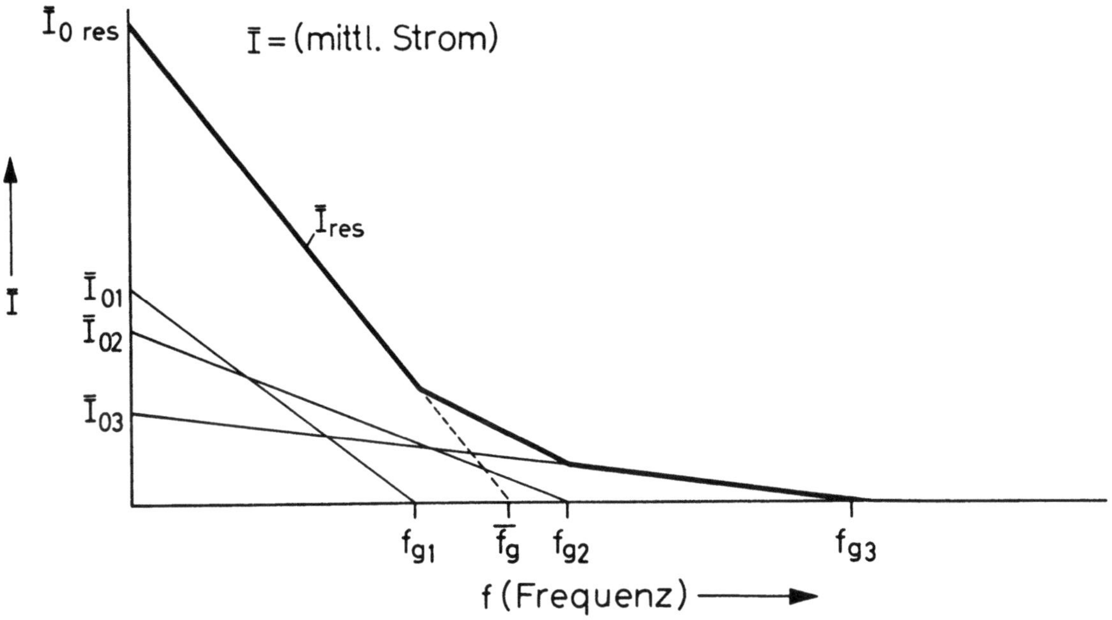

Abb. 9: Wenn im Gasstrom Ionen mit verschiedenen Beweglichkeiten, z.B. k_1, k_2 und k_3 und Konzentrationen, z.B. $N(k_1)$, $N(k_2)$ und $N(k_3)$ vorhanden sind, so gehört für eine feste Modulationsspannung U_s zu jeder Ionenart eine durch die Wertpaare $\bar{I}_{01}$, f_{g1} usw. charakterisierte Kennlinie. Gemessen wird deren Resultierende $\bar{I}_{res}$. Aus $\bar{I}_{res}$ ergibt sich, wie dargestellt, die "mittlere" Grenzfrequenz $\bar{f}_g$.

Dies ist für konstante Schaltspannungen U_s wegen der linearen Frequenzabhängigkeit bzw. der Konstanz der Teilströme, aus denen sich $\bar{I}_{res}$ zusammensetzt, eine lineare Beziehung zwischen $\bar{I}_{res}$ und f. Gl. (3.3.2) gilt jedoch nur mit Einschränkungen:

Betrachtet man konstante Schaltspannungen $U_s > \frac{P \cdot v}{B \cdot k_{max}}$, so gilt Gl. (3.3.2) nur hinauf bis zu einer maximalen Frequenz

$$f_{max} = \frac{v}{2 \cdot (B - \frac{P \cdot v}{k_{max} \cdot U_s})}$$

Diese Frequenz f_{max} ist gleich der Grenzfrequenz f_{gmin}, die den Ionen mit der größten im Gasstrom vertretenen Beweglichkeit k_{max} entspricht. Für $f > f_{max}$ fallen mit steigender Schaltfrequenz f nacheinander die einzelnen, linear von f abhängigen Teilströme, die zu den Ionen mit den verschiedenen, im Gasstrom vorhandenen Beweglichkeiten gehören, durch ihr Nullwerden aus. Damit geht für $f > f_{max}$ die lineare Beziehung zwischen $\bar{I}_{res}$ und f verloren, vgl. Abb. 9.

Ist dagegen $U_s < \frac{P \cdot v}{B \cdot k_{max}}$, dann ist der Strom $\bar{I}_{res}$ konstant, also von f unabhängig, weil dann das entsprechende, von f abhängige Glied in Gl. (3.3.2) verschwindet. Keiner der $\bar{I}_{res}$ aufbauenden Teilströme hat dann mehr eine endliche Grenzfrequenz.

Mit Gl. (3.3.2), dem linearen Teil von $\bar{I}_{res}(f, U_s = \text{konst.})$ kann man Grenzfrequenzen $\bar{f}_g$ durch Nullsetzen von $\bar{I}_{res}$ berechnen. Man erhält:

$$\bar{f}_g = \frac{v \cdot \left[\frac{1}{2} \sum_{k>} N_k + \sum_{k\leq} N_k \left(1 - \frac{1}{2} \cdot \frac{B \cdot k \cdot U_s}{P \cdot v}\right) \right]}{\sum_{k>} (B - \frac{P \cdot v}{k \cdot U_s}) N_k} \qquad (3.3.3)$$

Betrachtet man schließlich nur solche Beträge der Schaltspannungen U_s, für die die Bedingung $U_s > \frac{P \cdot v}{B \cdot k_{min}}$ erfüllt ist (dies bedeutet, daß alle Teilströme eine endliche Grenzfrequenz haben), so verschwindet die zweite Summe im Zähler von Gl. (3.3.3), und man erhält:

$$\frac{1}{f_g} = \frac{2B}{v} - 2P \cdot \frac{\sum\limits_{\text{alle } k} \frac{N_k}{k}}{\sum\limits_{\text{alle } k} N_k} \cdot \frac{1}{U_s} \qquad (3.3.4)$$

Liegt schließlich ein kontinuierliches Ionen-Beweglichkeitsspektrum vor, so erhält man mit $dN = N(k)\,dk$ statt Gl. (3.3.4) die schon oben angegebene Gl. (3.3.1). Und für den linearen Teil von $\bar{I}_{res}$ (f, U_s = konst.) zwischen $0 < f < f_{max}$ (siehe oben) erhält man in Analogie zu Gl. (3.3.2):

$$\bar{I}_{res}(f, U_s = \text{konst.}) = e \cdot q \cdot v \cdot \left[\frac{1}{2} \cdot \int\limits_{k=\frac{P \cdot v}{B \cdot U_s}}^{\infty} N(k)\,dk + \int\limits_{k=k_{min}}^{\frac{P \cdot v}{B \cdot U_s}} N(k) \cdot \left(1 - \frac{1}{2} \cdot \frac{B \cdot k}{P \cdot v} \cdot U_s\right) \cdot dk \right]$$

$$- f \cdot e \cdot q \cdot \int\limits_{k=\frac{P \cdot v}{B\,U_s}}^{\infty} \left(B - \frac{P \cdot v}{k \cdot U_s}\right) \cdot N(k) \cdot dk \qquad (3.3.5)$$

Wie erwähnt wurde, fallen für $U_s > \frac{P \cdot v}{B \cdot k_{max}}$ oberhalb der Frequenz f_{max} die einzelnen Teilströme, aus denen sich $\bar{I}_{res}$ zusammensetzt, durch ihr Nullwerden aus (vgl. Abb. 9). Es tragen damit alle Ionen mit einer Beweglichkeit

$$k > \frac{P \cdot v}{U_s \cdot \left(B - \frac{v}{2f}\right)} = k^*$$

nicht mehr zum Gesamtstrom bei. Aufgrund dieser Tatsache erhält man im Falle eines Beweglichkeitsspektrums für den nichtlinearen Teil von $\bar{I}_{res}(f, U_s$ = konst.) die Beziehung:

$$\bar{I}_{res} = e \cdot q \cdot v \cdot \left[\frac{1}{2} \cdot \int\limits_{k=\frac{P \cdot v}{B \cdot U_s}}^{k^*} N(k) \cdot dk + \int\limits_{k=k_{min}}^{\frac{P \cdot v}{B \cdot U_s}} N(k) \cdot \left(1 - \frac{1}{2} \cdot \frac{B \cdot k}{P \cdot v} \cdot U_s\right) \cdot dk \right]$$

$$- f \cdot e \cdot q \cdot \int\limits_{k=\frac{P \cdot v}{B \cdot U_s}}^{k^*} \left(B - \frac{P \cdot v}{k \cdot U_s}\right) \cdot N(k) \cdot dk \qquad (3.3.6)$$

gültig für

$$f \geqq f_{max} = \frac{v}{2 \cdot \left(B - \frac{P \cdot v}{k_{max} \cdot U_s}\right)} \quad .$$

Schließlich können die Funktionen $\overline{I}_{res}(f, U_s = \text{konst.} > \frac{P \cdot v}{B \cdot k_{min}})$ in ihrem Linearitätsbereich

$$0 < f \leqq \frac{v}{2 \cdot (B - \frac{P \cdot v}{U_s \cdot k_{max}})}$$

wieder in die einfache Form:

$$\overline{I}_{res} = \overline{I}_o \left(1 - \frac{f}{\overline{f}_g}\right) \qquad (3.3.7)$$

gebracht werden, worin wegen Gl. (3.3.5) $\overline{I}_o = \overline{I}_{res}$ ($f \longrightarrow 0$) durch:

$$\overline{I}_o = \frac{1}{2} \cdot e \cdot q \cdot v \cdot \int\limits_{\text{alle } k} N(k) \cdot dk \qquad (3.3.8)$$

und $\overline{f}_g$ wegen Gl. (3.3.1) durch

$$\overline{f}_g = \frac{v}{2 \cdot (B - \frac{P \cdot v}{U_s \cdot \overline{k}})} \qquad (3.3.9)$$

mit

$$\overline{k} = \frac{\int\limits_{\text{alle } k} N(k) \cdot dk}{\int\limits_{\text{alle } k} \frac{N(k)}{k} \cdot dk} \qquad (3.3.10)$$

gegeben ist.

4. Der Strömungsmesser als Ionenbeweglichkeits-Spektrometer

Mit dem Strömungsmesser besteht ferner grundsätzlich die Möglichkeit, wie mit einem Gerdien-Kondensator ein vollständiges Beweglichkeitsspektrum getrennt nach positiven und negativen Ionen[1)] zu vermessen.

Um das zu zeigen, sei angenommen daß eine einzige, in ihrem ganzen Verlauf für eine feste Spannung $U_s > \frac{P \cdot v}{B \cdot k_{min}}$ vermessene Kennlinie $\overline{I}_{res}(f)$ vorliegt. Eine solche Kennlinie setzt sich zusammen aus den einzelnen, zu den verschiedenen $k(f_g)$-Werten gehörigen Teilströmen $\overline{I}(f, f_g = \text{konst.})$ (vgl. Gl. (3.2.12)). Man kann nämlich $\overline{I}_{res}(f)$ nach den Teilströmen mit den verschiedenen f_g-Werten aufgeschlüsselt betrachten, da f_g bei gegebenem v und $U_s > \frac{P \cdot v}{B \cdot k_{min}}$ nach Gl. (3.2.13) eine eindeutige und stetig differenzierbare Funktion von k für alle k zwischen k_{min} und k_{max} ist. Der zu den Ionen mit der Grenzfrequenz f_g gehörende Teilstrom $\overline{I}(f)$ beträgt demnach:

$$\overline{I}(f) = \overline{I}_o(f_g) \cdot \left(1 - \frac{f}{f_g}\right) \qquad \text{für} \quad f \leqq f_g$$

und

$$\overline{I}(f) = 0 \qquad \text{für} \quad f \geqq f_g. \qquad (4.1)$$

1) Die Trennung der Ladungsträger nach ihrem Vorzeichen erfolgt ähnlich wie beim Gerdien-Kondensator durch entsprechende Polung der Abfangspannung, wie in Abschnitt 6.1 gezeigt wird.

Im Falle eines Linienspektrums wird so der lineare Teil von $\overline{I}_{res}$:

$$\overline{I}_{res}\,(f,\ U_s = \text{konst.} > \frac{P \cdot v}{B \cdot k_{min}}) = \sum_{\text{alle } f_g \geqq \frac{v}{2 \cdot B}} \overline{I}_o(f_g) - f \cdot \sum_{\text{alle } f_g \geqq \frac{v}{2 \cdot B}} I_o(f_g)\ \frac{1}{f_g} \tag{4.2}$$

Liegt dagegen ein kontinuierliches Spektrum vor, so erhält man mit $d\,\overline{I}_o = \overline{I}_o(f_g)\ df_g$ für den linearen Teil der Kennlinie $\overline{I}_{res}(f)$ im Bereich $0 < f \leqq f_{max} = f_{g_{min}} = \dfrac{v}{2 \cdot (B - \frac{P \cdot v}{k_{max} \cdot U_s})}$:

$$\overline{I}_{res}(f) = \int_{f_g = \frac{v}{2 \cdot B}}^{\infty} \overline{I}_o(f_g) \cdot (1 - \frac{f}{f_g}) \cdot df_g\,. \tag{4.3}$$

Für den nichtlinearen Teil oberhalb $f = f_{g_{min}}$ erhält man wie vorn wegen des sukzessiven Ausfalles der einzelnen Teilströme (vgl. Abb. 9):

$$\overline{I}_{res}(f) = \int_{f_g = f}^{\infty} \overline{I}_o\,(f_g) \cdot (1 - \frac{f}{f_g}) \cdot df_g \tag{4.4}$$

Es werde nun $\dfrac{d^2\,\overline{I}_{res}}{df^2}$ gebildet. Man erhält schrittweise:

$$\frac{d\,\overline{I}_{res}}{df} = -\,\overline{I}_o\,(f) + \int_{\infty}^{f} \frac{\overline{I}_o\,(f_g)}{f_g} \cdot df_g + \frac{f \cdot \overline{I}_o\,(f)}{f}\quad ,$$

$$\frac{d^2\overline{I}_{res}}{df^2} = \frac{\overline{I}_o\,(f)}{f}\quad . \tag{4.5}$$

Da wegen der unteren Integrationsgrenze in Gl. (4.4) f wieder durch f_g ersetzt werden darf, wird das gesuchte $\overline{I}_o\,(f_g)$:

$$\overline{I}_o\,(f_g) = f \cdot \frac{d^2\overline{I}_{res}\,(f = f_g)}{df^2}\quad . \tag{4.6}$$

Betrachtet man in Abb. 10 die Strecke $\overline{BA}$, die von den beiden Tangenten in den Punkten f und $f + \Delta f$ an die $\overline{I}_{res}$-Kurve auf der Ordinate definiert wird, und bezeichnet $\frac{d\overline{I}_{res}}{df}$ einfach mit $\overline{I}'_{res}$, so erhält man:

$$\overline{BA} = \overline{OB} - \overline{OA} = \overline{I}_{res}\,(f) - f \cdot \overline{I}'_{res}\,(f) - \overline{I}_{res}\,(f + \Delta f) + (f + \Delta f) \cdot \overline{I}'_{res}\,(f + \Delta f)$$

$$= f \cdot \left[\overline{I}'_{res}\,(f + \Delta f) - \overline{I}'_{res}\,(f)\right] + \Delta f \cdot \overline{I}'_{res}\,(f + \Delta f) + \overline{I}_{res}\,(f) - \overline{I}_{res}\,(f + \Delta f)$$

$$\approx f \cdot \frac{d^2\overline{I}_{res}\,(f)}{df^2} \cdot \Delta f + \Delta f^2 \cdot \frac{d^2\overline{I}_{res}}{df^2}$$

$$\overline{BA} \approx f \cdot \frac{d^2\overline{I}_{res}}{df^2} \cdot \Delta f = \overline{I}_o\,(f_g) \cdot \Delta f_g\,. \tag{4.7}$$

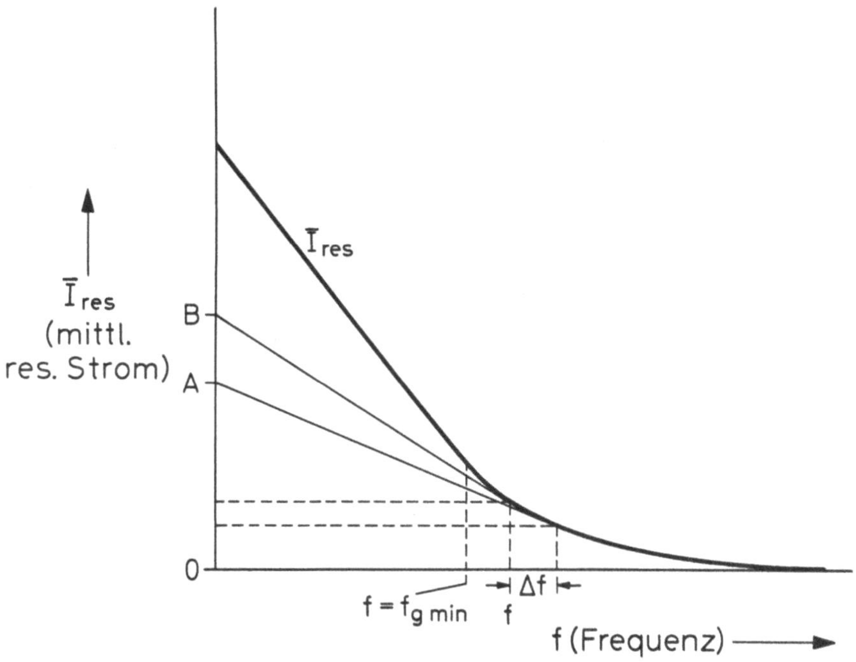

Abb. 10: Zur Bestimmung des Ionen-Beweglichkeitsspektrums N(k) aus einer Kennlinie $\overline{I}_{res}(f, U_s = \text{konst.} > \frac{P \cdot v}{B \cdot k_{min}})$.

Die Strecke $\overline{BA}$ ist also direkt gleich dem Strom der von den Ionen erzeugt wird, die zu der durch $f = f_g$ definierten Beweglichkeit k und zu dem durch Δf_g definierten Δk-Intervall gehören. Das sind (vgl. Gl. (3.2.13)):

$$k = \frac{P \cdot v}{U_s \cdot (B - \frac{v}{2 \cdot f_g})} \tag{4.8}$$

und (4.9)

$$\Delta k = \frac{-P \cdot v^2}{2 \cdot U_s \cdot (f_g \cdot B - \frac{v}{2})^2} \cdot \Delta f_g \,.$$

Zu dem Teilstrom $d\overline{I}_o = \overline{I}_o(k)\,dk$ gehören aber wegen

$$d\overline{I}_o = dN \cdot e \cdot q \cdot \frac{v}{2} = \overline{I}_o(k) \cdot dk \tag{4.10}$$

die dN-Ionen:

$$dN = \frac{2 \cdot \overline{I}_o(k) \cdot dk}{e \cdot q \cdot v} = N(k) \cdot dk \tag{4.11}$$

mit

$$N(k) = \frac{2 \cdot \overline{I}_o(k)}{e \cdot q \cdot v} \tag{4.12}$$

5. Der Einfluß von Diffusion und Rekombination auf die Messungen

Die praktische Brauchbarkeit der Strömungssonde als Beweglichkeitsspektrometer wird besonders durch die Wirkung der Diffusion eingeschränkt. Diffusionsvorgänge können dann nicht vernachlässigt werden, wenn die Grenze "mit Ionen beladenes Gas - ionenfreies Gas" auf ihrem Wege vom Eingang des vorderen Kondensators bis zu seinem Ende merklich diffundiert. Dann erhält man nämlich, auch wenn nur Ionen mit einer einheitlichen Beweglichkeit im Gasstrom vorhanden sind, allein durch Diffusionswirkung Abweichungen von der Linearität der betreffenden $\overline{I}(f, U_s = \text{konst.})$-Funktionen in der Umgebung der betreffenden Grenzfrequenzen.

Man erkennt dies sofort, wenn man bedenkt, daß bei der Grenzfrequenz die Spannung U_s immer gerade dann wieder eingeschaltet wird, wenn die ursprüngliche Grenze zwischen ionenbeladenem und ionenfreiem Gas am Ende des vorderen Kondensators angelangt ist (vgl. Abschn. 11.2). Ist dann aber ein merklicher Teil der Ionen über das Ende, d.h. den Wirkungsbereich, des Kondensators hinausdiffundiert, so wird dieser nicht mehr im vorderen System abgefangen, sondern kommt am hinteren System als ein Mehrstrom zur Geltung. Dadurch geht die lineare Beziehung zwischen $\overline{I}$ und f in einer mehr oder weniger großen Umgebung der betreffenden Grenzfrequenzen verloren.

Die Sonde kann daher, als Folge der Diffusion, unter Umständen ein Ionenspektrum vortäuschen, wenn in Wirklichkeit nur Träger mit einer einheitlichen Beweglichkeit vorhanden sind, oder aber ein vorhandenes Spektrum verfälscht wiedergeben. Der Einfluß der Diffusion nimmt mit abnehmendem Gasdruck und abnehmender Strömungsgeschwindigkeit zu. Rekombination dagegen, die wegen der im allgemeinen sehr kleinen Rekombinationskoeffizienten [5] erst bei sehr hohen Ionendichten und geringen Durchströmungsgsschwindigkeiten zum Tragen kommt, reduziert mehr oder weniger stark die Zahl aller vorhandenen Ladungsträger.

Die Funktion der Sonde als Strömungsmesser wird dagegen durch Diffusionsvorgänge weniger kritisch beeinflußt, weil diese erst in der Nähe der Grenzfrequenzen von größerem Einfluß sind. Insbesondere sind Diffusions- und auch Rekombinationsprozesse innerhalb der Ionendichte-Welle nach dem Verlassen des vorderen Kondensators in weiten Grenzen ohne Bedeutung: die Diffusion deswegen, weil im hinteren Kondensator nur mittlere Ströme gemessen werden; die Rekombination schwächt alle Ströme um den gleichen Faktor und beeinflußt somit die Grenzfrequenzen $(\bar{I}_{res}(f_g) = 0)$ selbst nicht (vgl. Abschn. 11.4).

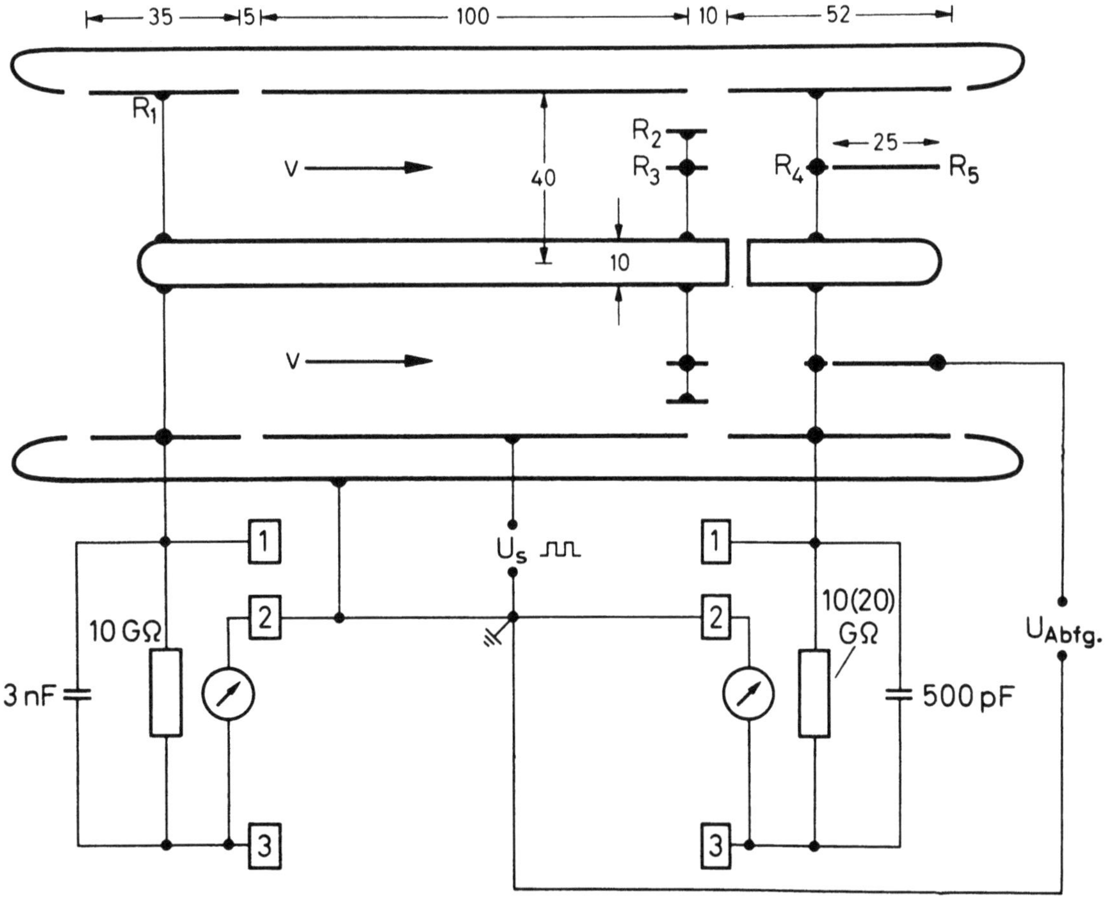

Abb. 11: Schnitt durch die Sonde mit einer Darstellung der Schaltung. Die Punkte 1, 2 und 3 sind die Anschlußklemmen der Elektrometerverstärker. Der Verstärker im Modulationsteil (links unten) wurde gelegentlich für zusätzliche Messungen (vgl. Abschn. 11.4) verwendet. (Angegebene Maße in mm). Die Spannungsversorgung für die Verstärker ist nicht dargestellt.

6. Die praktische Ausführung einer Strömungssonde für Modellversuche in einer Vakuumkammer

Abb. 11 zeigt einen Schnitt durch die praktische Ausführung des Strömungsmessers und die Schaltung, mit der er bei den Versuchen in unserer Vakuumkammer betrieben wurde. Die mit (1), (2) und (3) bezeichneten Punkte sind die Anschlußklemmen des benutzten Elektrometerverstärkers (Type 71 s der Fa. Knick, Berlin). Dieser Verstärker ist mit einer Gegenkopplung ausgerüstet, die bewirkt, daß sich zwischen den Punkten (1) und (2) keine merkliche Potentialdifferenz aufbauen kann. Daher stehen die mit (1) verbundenen Elektroden der Sonde effektiv mit dem einen Pol der Abfangspannungsquelle U in Verbindung, während der mit R_5 bezeichnete Ring direkt an den anderen Pol der Abfangspannung angeschlossen ist. Durch die Ringe R_2, R_3 und R_4 werden die Felder im vorderen und hinteren Kondensator voneinander getrennt. Um den hinteren Abfang-Kondensator räumlich kurz zu halten und ihn doch bei gegebener Abfangspannung auch für schwere Ionen möglichst wirksam zu machen, wurde der Ring R_5 eingeführt, wodurch ein in sich geschachteltes Gerdien-System entstand.

Vorn dient der Ring R_1 als Schutzring zur Verringerung von störenden Streufeldern am Eingang des modulierenden vorderen Kondensators. Die Einführung der Ringe R_2 und R_3 erwies sich zur optimalen Entkopplung des vorderen von dem hinteren System als zweckmäßig. Das vordere System war, wie in Abb. 11 angegeben, mit der intermittierenden Gleichspannung U_s verbunden. Sämtliche Innenteile der Sonde wurden von Teflon-Halterungen getragen, wie es das Foto, Abb. 12, erkennen läßt.

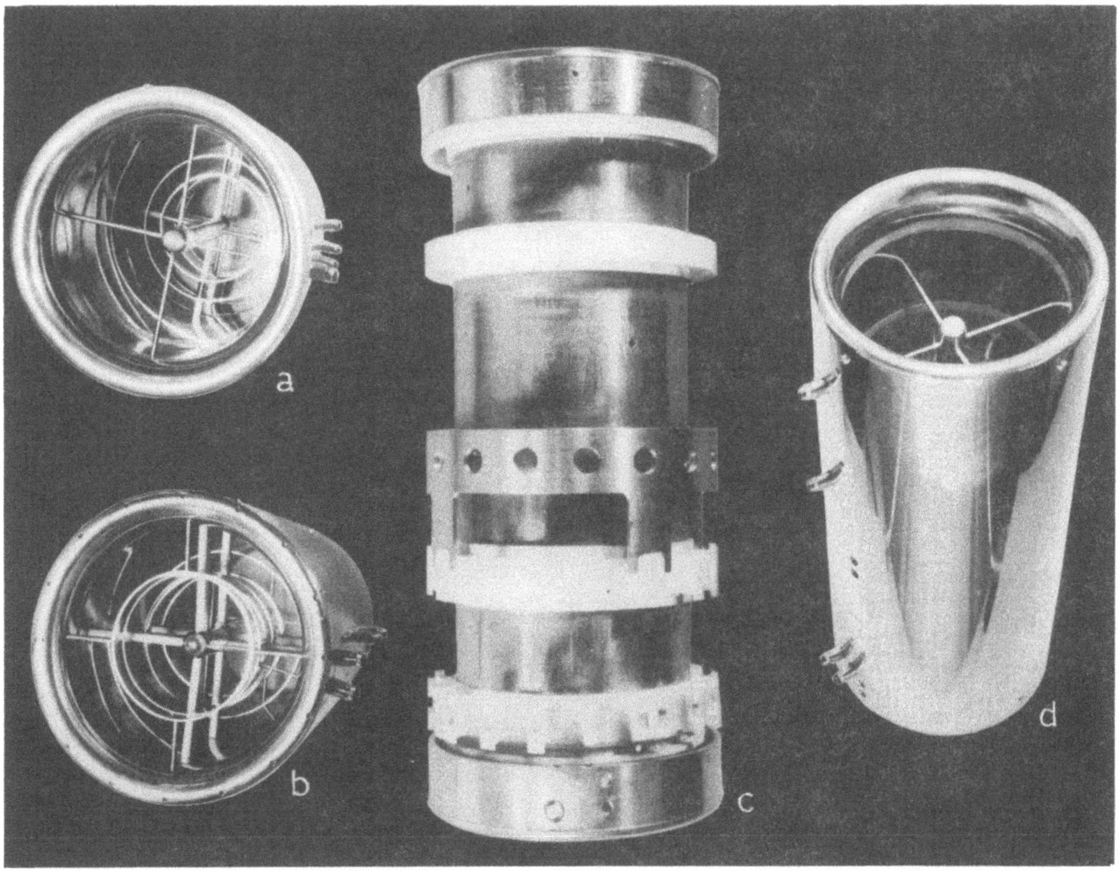

Abb. 12: Foto der Sonde — a) Vorderansicht, b) Rückansicht, c) Seitenansicht, d) Innenaufbau

6.1 Zur Funktionsweise der angewendeten Schaltung: Die getrennte Messung von positiven und negativen Ladungsträgern

Im hinteren Kondensatorsystem werden alle Ionen, die vom vorderen, modulierenden System durchgelassen werden, abgefangen. Dadurch wird die Sonde als Ganzes elektrisch neutral gehalten, sofern auch das Plasma neutral ist. Man kann nämlich nicht voraussetzen, daß die Beweglichkeiten positiver und negativer Ladungsträger einander genau gleich sind. Wäre das hintere Abfangsystem der Sonde nicht vorhanden, so würden bei verschiedenen Beweglichkeiten und damit unterschiedlichen Abfanglängen am vorderen System mehr Teilchen hoher als niederer Beweglichkeit abgefangen. Das hätte zur Folge, daß ein Strom geladener Teilchen den Kondensator verläßt, während die abgefangenen Ladungsträger die Sonde gegen das Plasma so lange aufladen würden, bis sich irgendein - schwer vorhersehbarer - neuer Gleichgewichtszustand gegenüber dem umgebenden Plasma einstellt. Der Abfangkondensator wirkt so gleichzeitig wie eine künstliche Erdung und ermöglicht daher, je nach der Polung der Spannungen, eine getrennte Messung von Ionen beiderlei Vorzeichens.

Auf welche Weise das geschieht, verdeutlicht die Prinzip-Schaltung in Abb. 13. Dabei sei zunächst der Fall betrachtet, daß am vorderen Kondensator eine konstante Gleichspannung anliegt, die nicht ausreichen möge, um sämtliche Ionen aus dem Gasstrom abzufangen. Die Spannung am hinteren System sei jedoch groß genug, um alle restlichen Ionen zu entfernen.

In der gesamten Sonde mögen etwa pro Zeiteinheit (z.B. alle 10^{-9} sec) insgesamt je 7 Ladungsträger beiderlei Vorzeichens abgefangen werden, d.h. je nach ihrer Beweglichkeit, auf irgendeine der vier Elektroden des Systems auftreffen. Es seien das (entsprechend der in Abb. 13 dargestellten Polung der Sondenelektroden) auf der vorderen oberen Platte fünf negative und auf der unteren vorderen drei positive Ionen. Dann treffen pro Zeiteinheit zwei negative Ionen auf die obere und vier positive auf die untere Elektrode des hinteren Systems, wie es in Abb. 13 durch eine entsprechende Zahl von Plus- und Minus-

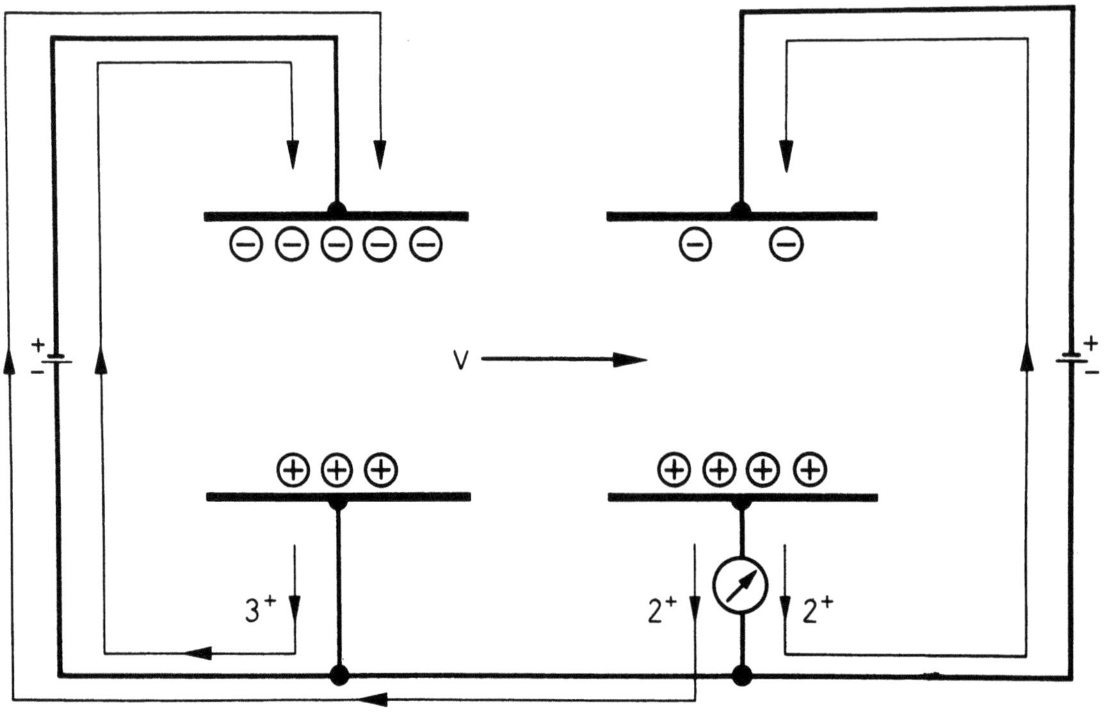

Abb. 13: Schema zur Erläuterung der Möglichkeit, den Strom positiver und negativer Ladungsträger getrennt zu vermessen.

zeichen angedeutet ist. Diese Ladungen können sich nur in der dargestellten (oder einer elektrisch gleichwertigen) Art und Weise ausgleichen.

Wie man sieht, fließt durch das hintere Instrument ein Leitungsstrom von vier Elementarladungen pro Zeiteinheit, der dem Betrage nach den im hinteren System abgefangenen positiven Ionen zuzuordnen ist. Man überzeugt sich, daß für die Messung am Abfangsystem die Polung des vorderen Kondensators keine Rolle spielt. Polt man dagegen das hintere System um, so fließt durch das Instrument ein Leitungsstrom, der nun den zwei pro Zeiteinheit (an der unteren Elektrode) abgefangenen negativen Ionen entspricht. Der durch das Instrument fließende Leitungsstrom gehört also in der angegebenen Schaltung immer zu Ionen mit dem Vorzeichen desjenigen Batteriepoles, der an der dem Instrument gegenüberliegenden Elektrode anliegt. (Da der effektive Innenwiderstand unseres, den Strom mittelnden Instrumentes so klein ist, daß am hinteren Kondensator keine merklichen Spannungsänderungen auftreten, gibt es somit dort auch keine Verschiebungsströme.)

Auf die gleiche Weise, wie oben dargestellt, überlegt man sich, daß auch bei intermittierend anliegender Gleichspannung am vorderen System entsprechendes für die gemessenen mittleren Ströme im hinteren System gilt. Eine Unsymmetrie in der räumlichen Verteilung der Ladungsträger auf die verschiedenen Elektroden der Sonde ergibt sich auch hier bei unterschiedlichen Ionenbeweglichkeiten $k^{(+)}$ und $k^{(-)}$ und den dadurch notwendig verschiedenen Abfanglängen $x_L^{(+)}$ und $x_L^{(-)}$ (vgl. Gl. (3.2.2)) des vorderen Kondensators für positive und negative Ladungsträger. Um im Experiment den Raum zwischen dem vorderen und dem hinteren Kondensator möglichst feldfrei zu halten, ist es zweckmäßig, U_s und die Abfangspannung stets gleichsinnig zu polen.

7. Beschreibung der Versuchsanordnung für die Modellmessungen

Experimentell wurde ein Prototyp der Strömungssonde in einer Vakuumkammer von rund $0{,}6\ m^3$ bei Drucken zwischen 1,5 und 10 Torr und mit Geschwindigkeiten um 3 m/sec erprobt. Die Sonde war bei diesen Versuchen direkt auf den inneren Pumpstutzen der Kammer montiert, so daß alles abgesaugte Gas durch die Sonde hindurchströmen mußte. Mit einem α-Strahler, der in geeigneter Weise in der Kammer aufgestellt war, wurde eine gleichmäßig über den Sondenquerschnitt verteilte Ionisation im Luftstrom erzeugt und mit einem Dosierventil bei laufender Pumpe die Strömung bei dem gewünschten Druck aufrechterhalten. Durch geeignete Maßnahmen im Kessel wurde turbulente Strömung in der Sonde vermieden. Mit der vorhandenen Pumpe konnten so Durchströmungsgeschwindigkeiten von rund 3 m/sec im ganzen Druckbereich aufrechterhalten werden. Höhere Geschwindigkeiten waren mit dem verfügbaren Pumpensatz nicht erreichbar. Die Beschränkung auf den Druckbereich 1,5 bis 10 Torr war hauptsächlich durch die Stärke der verfügbaren Ionisationsquelle (10 m Curie Po^{210}) gegeben.

Um Druck- und Strömungsverhältnisse so konstant wie irgend möglich zu erhalten, wurde die Anlage stets mehrere Stunden vor Beginn der eigentlichen Messungen in Betrieb genommen, da sich zeigte, daß die Saugleistung erst bei warmgelaufener Pumpe konstant wurde.

Am Ende eines jeden Versuchs wurde die Durchströmungsgeschwindigkeit im Arbeitspunkt so genau wie möglich mit rein mechanischen Mitteln aus dem Druckverlauf sowohl bei laufender Pumpe und geschlossenem Belüftungsventil als auch bei abgetrennter Pumpe und offenem Belüftungsventil mit Hilfe der Gaedeschen Gleichung [6] bestimmt:

$$v_{mech.} = - \frac{\dot{p}}{p} \cdot \frac{V_o}{q} \tag{7.1}$$

worin p der gemessene Druck, $\dot{p}$ die zugehörige zeitliche Ableitung des Druckes, q der Sondenquerschnitt und V_o das betreffende konstante Gesamtvolumen des Kesselraumes sind.

8. Ergebnis der Messungen, Prüfung der dargelegten Theorie

Ziel der Messungen war die Überprüfung der vorn dargelegten Theorie nach allen sich daraus ergebenden Gesichtspunkte. Daher war zunächst bei konstanter Amplitude der intermittierenden Gleichspannung U_s am vorderen System der Zusammenhang zwischen deren Frequenz und dem mittleren Strom im Abfangsystem experimentell zu bestimmen.

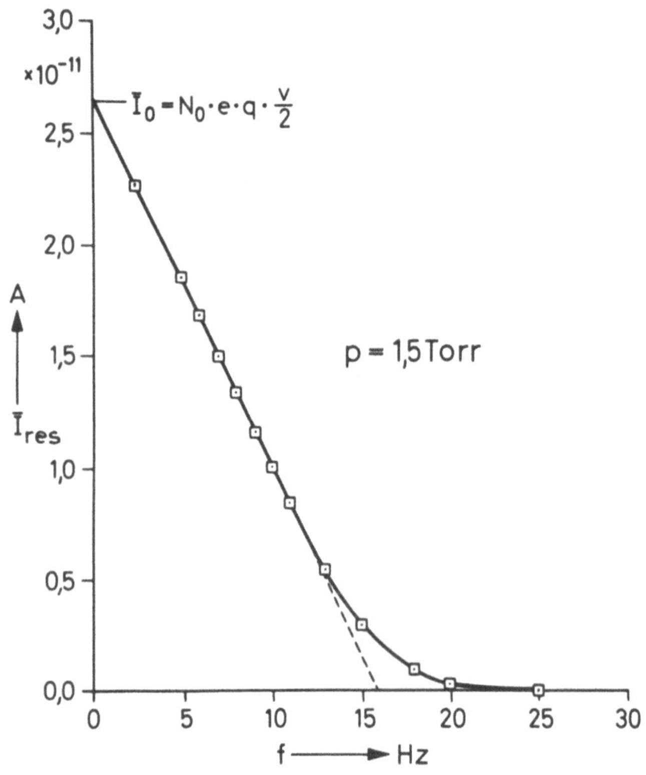

Abb. 14: Bei einem Druck von p = 1,5 Torr in ihrem ganzen Verlauf gemessene Kennlinie $\bar{I}_{res}(f, U_s = \text{konst.} > \frac{P \cdot v}{B \cdot k_{min}})$.

Abb. 14 zeigt eine der vielen, sehr genau vermessenen $\bar{I}_{res}(f, U_s = \text{konst.})$-Kennlinien. Die dargestellte wurde mit positiven Ionen mit den Parametern U_s = 10 Volt, v = 317 cm/sec, p = 1,5 Torr erhalten. Wie im dargestellten Beispiel erhielt man auch für alle anderen Messungen, die aus den bereits genannten Gründen nur im Druckbereich zwischen 1,5 und 10 Torr ausgeführt werden konnten, immer einen ausgedehnten Linearitätsbereich. Er erstreckte sich hinauf bis zu einer höchsten Frequenz, von der ab die Kennlinie in Richtung auf zu große Werte von $\bar{I}_{res}$ von der Linearität abwich.

Die im Linearitätsbereich verbleibenden Streuungen der Meßwerte um eine Gerade waren so gering, daß sie im Bereich der Ablesegenauigkeit des verwendeten Instrumentes lagen. (Es wurde ein Präzisionsstrommesser der Fa. Hartmann u. Braun, Güteklasse 0,2, verwendet.)

Aus der geometrischen Breite B des vorderen Kondensators und der auf mechanischem Wege vermessenen Strömungsgeschwindigkeit ergibt sich die wahre Grenzfrequenz $f_g^* = \frac{v}{2B}$ für das gezeigte Beispiel Abb. 14 zu rund 16 Hz. Nach den Ausführungen des theoretischen Teils sollte sich der lineare Abschnitt der Charakteristik bis zu einer Frequenz

$$f = \frac{v}{2 \cdot (B - \frac{P \cdot v}{U_s \cdot k_{max}})} > f_g^*$$

erstrecken, wenn der Einfluß der Diffusion vernachlässigt werden kann. Das Beispiel Abb. 14 zeigt, daß dies nicht der Fall ist. Eine Abschätzung, die hier nicht weiter ausgeführt werden soll, bestätigte die Vermutung, daß die beobachtete Verringerung des Linearitätsbereiches der Kennlinie durch Diffusion verursacht wurde. Es ergab sich aber auch, daß die aus den Kennlinienfeldern abgeleitete Strömungsgeschwindigkeit in dem Druckbereich und bei den Geschwindigkeiten, für die die Experimente durchgeführt wurden, durch Diffusion praktisch kaum beeinflußt wurde. Dies wird sich im folgenden noch zeigen.

Nachdem so experimentell gesichert war, daß ein ausgedehnter Linearitätsbereich für die $\bar{I}_{res}(f, U_s = \text{konst.})$-Kennlinien existierte, wurden bei den Drucken 1,5; 3 und 10 Torr mit Strömungsgeschwin-

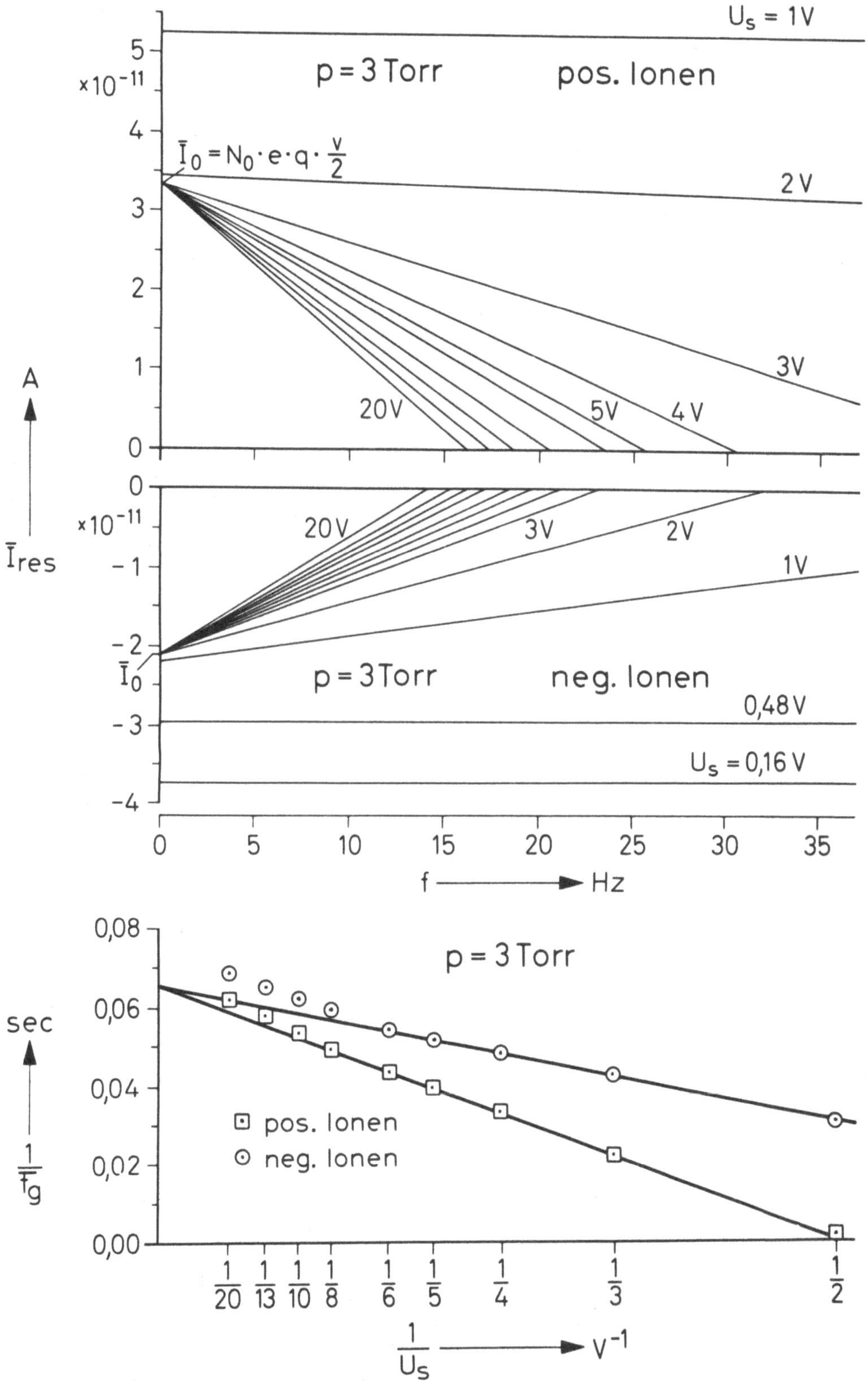

Abb. 15: Darstellung der linearen Komponenten eines bei p = 3 Torr für positive (oberstes Bild) und negative Ionen (mittleres Bild) gemessenen Kennlinienfeldes. Die sich aus diesen beiden Kennlinienfeldern ergebenden Grenzfrequenzen $\bar{f}_g$ und die zugehörigen Modulationsspannungen U_s sind im unteren Teilbild in der Form $1/\bar{f}_g$ $(\frac{1}{U_s})$ aufgetragen. Die verwendeten Spannungswerte U_s können, soweit sie nicht an den entsprechenden Kennlinien vermerkt sind, dem untersten Bild entnommen werden.

digkeiten um 3 m/sec ganze Kennlinienfelder vermessen, und zwar durch entsprechende Polung der Sonde jeweils für positive und negative Ionen. Die Strömungsgeschwindigkeit war durch die vorhandene Pumpengröße gegeben und konnte leider nicht erhöht werden.

Abb. 15 zeigt mit seinen Teilbildern das vollständige Ergebnis zweier Meßreihen, die nacheinander mit den in der Vakuumkammer erzeugten positiven und negativen Ionen bei p = 3 Torr und mit v = 310 cm/sec durchgeführt wurden. Bei der Bestimmung der linearen Komponenten des Kennlinienfeldes $\bar{I}_{res}$ (f, U_s = konst.) für positive Ionen wurden die drei Frequenzen 5, 7 und 9 Hz verwendet. Bei Messungen mit negativen Ionen wurden nur die zwei Frequenzen 5 Hz und 9 Hz benutzt, nachdem sich vorher gezeigt hatte, daß jeweils drei der zusammengehörigen Meßpunkte so ausgezeichnet auf einer Geraden lagen, daß für die weiteren Messungen jeweils zwei Meßpunkte ausreichend erschienen. Dieses Verfahren wurde auch dadurch gerechtfertigt, weil sich ergab, daß ein Teil der Geradenschar, nämlich die für $U_s > \frac{P \cdot v}{B \cdot k_{min}}$, die Ordinate in einem Punkt (vgl. Gl. (3.3.8)) schnitt. Dieses Verhalten wird von der Theorie gefordert. Es sei aber ausdrücklich darauf hingewiesen, daß dieser dritte Punkt in keinem

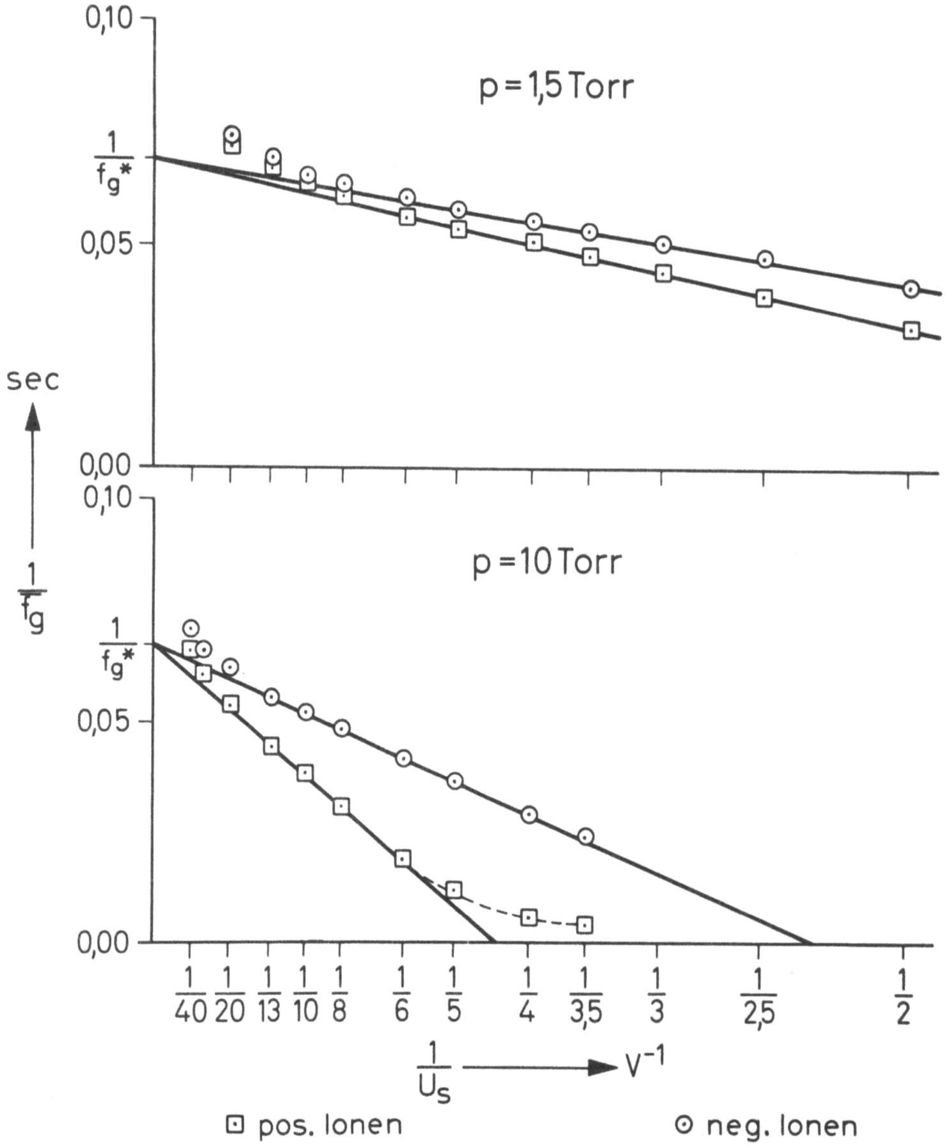

Abb. 16: Darstellung der Funktionen $1/\bar{f}_g(\frac{1}{U_s})$, die aus Messungen bei p = 1,5 Torr und p = 10 Torr gewonnen wurden.

Fall als Korrekturgröße verwendet wurde. Vielmehr wurden die Schnittpunkte der Geradenbüschel in Abb. 15 allein durch die Meßwerte definiert.

Wie man den beiden, im oberen Teil von Abb. 15 dargestellten Kennlinienfeldern sofort ansehen kann, war die Beweglichkeit der negativen Ladungsträger im Mittel größer als die der positiven: Für die negativen Ionen ergaben sich bei gleicher Spannung U_s durchweg geringere Grenzfrequenzen (vgl. Gl. (3.3.9)). (Bei unendlich hoher Ionenbeweglichkeit hätte sich im Idealfall für alle Werte $U_s \neq 0$ die gleiche, durch $\frac{v}{2B}$ definierte Grenzfrequenz f_g^* ergeben müssen.)

Gleich gute Resultate, wie sie die oberen beiden Teilbilder von Abb. 15 für $p = 3$ Torr zeigen, ergaben die Messungen für die Drucke $p = 1{,}5$ Torr und $p = 10$ Torr, nur lagen die Grenzfrequenzen $\bar{f}_g(U_s)$ bei 1,5 Torr, dem geringeren Druck und der dadurch größeren Beweglichkeiten aller Ionen entsprechend, durchweg niedriger, während sie bei $p = 10$ Torr alle höher lagen als bei 3 Torr.

Die den Kennlinienfeldern entnommenen $\bar{f}_g$-Werte wurden schließlich in der Form $1/\bar{f}_g(\frac{1}{U_s})$ (vgl. Gl. (3.3.1)), wie in Abb. 15 (unteres Teilbild) und Abb. 16, dargestellt. Hierdurch sollte geprüft werden, ob auch hier der theoretisch vorausgesagte Linearitätsbereich für kleinere $\frac{1}{U_s}$-Werte als $\frac{B \cdot k_{min}}{P \cdot v}$ wirklich existiert.

Wie man sieht, gab es in allen Fällen Linearitätsbereiche. Aber anders, als theoretisch vorhergesagt, waren diese nach zwei Seiten hin begrenzt. Das zeigt die bei 10 Torr für positive Ionen gemessene Abhängigkeit $1/\bar{f}_g(\frac{1}{U_s})$ deutlich (vgl. Abb. 16 unten), bei der man, anders als in den Abbildungen 15 unten und 16 oben, auch den theoretisch vorausgesagten Nichtlinearitätsbereich (hier für $\frac{1}{U_s} > \frac{1}{6}$ $Volt^{-1}$) erkennt, während dieser in den Abbildungen 15 unten und 16 oben wegen der größeren Ionenbeweglichkeiten unterhalb von $U_s = 2$ Volt lag und deshalb dort nicht zu sehen ist. Der sich für relativ große U_s- (kleine $\frac{1}{U_s}$-) Werte ergebende weitere Nichtlinearitätsbereich hat wahrscheinlich verschiedene Ursachen, auf die später noch eingegangen wird.

Wie man den Abbildungen 15 unten und 16 entnimmt, schneiden sich die aus den linearen Komponenten von $1/\bar{f}_g(\frac{1}{U_s})$ extrapolierten Geraden für die positiven und die negativen Ionen jeweils recht genau in einem Punkt $1/f_g^*$ auf der Ordinate, für den nach Gl. (3.3.1) die Beziehung

$$\frac{1}{\bar{f}_g}\left(\frac{1}{U_s} \to 0\right) = \frac{1}{f_g^*} = \frac{2 \cdot B}{v} \qquad (8.1)$$

gelten sollte.

Da bei allen drei Experimenten, wie vorn erwähnt, die jeweiligen Strömungsgeschwindigkeiten auch mit mechanischen Mitteln gemessen wurden und v somit bekannt war, konnte mit f_g^* und v nach Gl. (8.1) in allen Fällen die elektrisch wirksame Länge B_e des Kondensators berechnet und mit seiner bekannten mechanischen Länge B, mit der sie im Idealfall übereinstimmen sollte, verglichen werden.

In der folgenden Tabelle sind die so ermittelten effektiven Längen des Kondensators B_e zusammengestellt:

Tabelle 1

p [Torr]	$v_{mech.}$ [cm/sec]	$B_e^{(+)} = B_e^{(-)} = \frac{v}{2 \cdot f_g^*}$ [cm]
1,5	317	10,9
3	310	10,1
10	311	10,4

Die mechanische, über den äußeren Zylinder des vorderen Kondensators gemessene Länge B betrug genau 10 cm, während sich B_e zu $10,5 \pm 0,4$ cm ergab. Daß die Messungen eine etwas größere Länge für den vorderen Kondensator lieferten, als es der mechanischen entsprach, erschien durchaus vernünftig, da der Einfluß von über die vorderen Grenzen des Kondensators hinausgreifenden Streufeldern nicht restlos unterdrückt war.

Es ist wahrscheinlich, daß es sich bei den für die verschiedenen Drucke ermittelten unterschiedlichen Kondensatorlängen nicht um eine systematische Druckabhängigkeit von B_e , sondern nur um eine Streuung der Meßwerte handelt, die vor allem bedingt ist durch die weniger genaue mechanische Strömungsmethode. Dafür spricht auch die Tatsache, daß sich trotz der unterschiedlichen Beweglichkeiten der positiven und der negativen Ladungsträger in jedem Experiment stets nur ein $\overline{f}_g$-Wert ergab.

Tabelle 2

p [Torr]	$N_{(+)}$ [cm^{-3}]	$N_{(-)}$ [cm^{-3}]	$\overline{k}_{(+)}$ [cm^2/Volt sec]	$\overline{k}_{(-)}$ [cm^2/Volt sec]
1,5	$1,97 \cdot 10^4$	$1,89 \cdot 10^4$	600	805
3	$2,7 \cdot 10^4$	$1,69 \cdot 10^4$	346	660
10	$1,12 \cdot 10^5$	$9,1 \cdot 10^4$	155	289

Tabelle 2 zeigt die Ionendichten, die aus den nach f = 0 extrapolierten Strömen $\overline{I}_{res}$ mit $U_s \geqq \frac{P \cdot v}{B \cdot k_{min}}$ gemäß (vgl. Gl. (3.3.8)):

$$N_o = \int_{\text{alle } k} N(k) \cdot dk = \frac{2 \cdot \overline{I}_{res}\left(f \to 0,\ U_s \geqq \frac{P \cdot v}{B \cdot k_{min}}\right)}{e \cdot q \cdot v} \tag{8.2}$$

berechnet wurden und die mittleren Ionenbeweglichkeiten $\overline{k}$

$$\overline{k} = \frac{\int_{\text{alle } k} N(k) \cdot dk}{\int_{\text{alle } k} \frac{N(k)}{k} \cdot dk}, \tag{3.3.10}$$

die sich aus den Steigungen S der linearen Teile der empirischen Funktionen $1/\overline{f}_g\ (\frac{1}{U_s})$ für die verschiedenen Gasdrucke p als

$$\overline{k} = \frac{2 \cdot P}{S} \tag{8.3}$$

(P = Sondenparameter! = $22,1\ cm^2$) ergaben.

Weil das radioaktive Präparat, je nach dem Druck, bei dem gearbeitet wurde, an einer anderen Stelle im Vakuumkessel angebracht war, können aus der Abhängigkeit der Ionenkonzentration vom Arbeitsdruck nicht ohne weiteres Schlüsse gezogen werden. Daß dagegen in allen Fällen die Konzentration der positiven Ladungsträger größer war als die der negativen, kann dadurch erklärt werden, daß sich ein Teil der primär erzeugten Elektronen infolge ihrer großen Beweglichkeit an die sehr große metallische Innenfläche des Vakuumkessels anlagerten und diesen aufluden. In der Nähe der im Kessel befindlichen und gemeinsam mit dieser geerdeten Sonde existierte deshalb ein Überschuß an positiven Ladungen.

Der Tabelle 2 entnimmt man, daß in allen Fällen die negativen Ionen im Mittel die größeren Beweglichkeiten besaßen, und ferner, daß alle mittleren Beweglichkeiten $\overline{k}$ mit abnehmendem Gasdruck p zunahmen. Weitere Einzelheiten sollen hier nicht diskutiert werden.

9. Deutung der theoretisch nicht vorhergesagten Abweichungen der empirischen Funktionen $\frac{1}{f_g}(\frac{1}{U_s})$ von der Linearität für große Modulationsspannungen U_s

Für die nicht theoretisch vorhergesagten Abweichungen von der Linearität, die bei allen Funktionen $1/\bar{f}_g$ $(\frac{1}{U_s})$ für kleine $\frac{1}{U_s}$ -Werte festgestellt wurden, sind folgende Ursachen denkbar:

1.) Wenn für größere Feldstärken im modulierenden Kondensator die wirksame Kondensatorlänge B infolge des zunehmenden Streufeldeinflusses nicht näherungsweise konstant bleibt, sondern zunimmt, dann ist eine Abweichung von der Linearität in Richtung auf zu große $1/\bar{f}_g$ -Werte für entsprechend kleine $\frac{1}{U_s}$ -Werte zu erwarten. Man erkennt dies unmittelbar an Gl. (3.3.1).

2.) Es ist bekannt, daß die Ionenbeweglichkeiten für größere Werte von $\frac{E}{p}$ (Feldstärke zu Gasdruck) nicht konstant bleiben, sondern von diesem Parameter abhängig werden [5]. Wenn daher bei den Versuchen die Beweglichkeiten der verschiedenen, im Vakuumkessel vorhandenen Ionen für große Modulationsspannungen Funktionen von U_s waren, dann war auch die mittlere Beweglichkeit $\bar{k}$ (vgl. Gl. (3.3.10)) ebenso von U_s abhängig. Infolgedessen hätte auch in diesem Fall eine Abweichung von der Linearität bei der Funktion $1/\bar{f}_g$ $(\frac{1}{U_s})$ auftreten können, die, je nachdem in welcher Weise sich die einzelnen Beweglichkeiten mit U_s änderten, in Richtung auf zu große oder zu kleine Werte von $1/\bar{f}_g$ hin verlaufen konnte.

3.) Als dritte Ursache für die Nichtlinearität bei kleinen $\frac{1}{U_s}$ -Werten käme eine bei entsprechend großen Feldstärken einsetzende unselbständige Entladung in Betracht. Jedoch konnte diese mit Sicherheit ausgeschlossen werden, denn sie wäre bereits an verhältnismäßig zu großen $\bar{I}_{res}$-Werten für große U_s-Werte erkennbar gewesen. Tatsächlich wurde das aber bei den verwendeten Modulationsspannungen in keinem Fall beobachtet, vielmehr schnitten sich alle linearen Komponenten von $\bar{I}_{res}$ (f, U_s = konst.) mit $U_s > \frac{P \cdot v}{B \cdot k_{min}}$ sehr genau in einem Punkt auf der Ordinate wie in den beiden oberen Teilbildern von Abb. 15.

Die unter Punkt 1.) und 2.) genannten Ursachen für die Abweichungen von der Linearität der $1/\bar{f}_g$- für kleine $\frac{1}{U_s}$ -Werte konnten nicht ohne weiteres voneinander getrennt werden. Daß ein Streufeldeinfluß vorhanden war, erkennt man in den Abbildungen 15 (unten) und 16 daran, daß es bei allen empirischen Funktionen $1/\bar{f}_g$ $(\frac{1}{U_s})$ Meßpunkte gab, die oberhalb von $\frac{1}{f_g^*}$, dem Kehrwert der wahren Grenzfrequenz, lagen, was bei konstanter wirksamer Länge B des modulierenden Kondensators selbst bei nicht konstanten Beweglichkeiten undenkbar wäre. Daraus ergibt sich für eine verbesserte Sonde die Notwendigkeit, ähnlich wie am Ausgang des modulierenden Kondensators auch an dessen Einströmöffnung in geeigneter Weise weitere Schutzringe zur Verminderung des Streufeldeinflusses anzubringen.

Um zu entscheiden, ob und in welchem Umfang der unter Punkt 2.) genannte Effekt der nichtkonstanten Ionenbeweglichkeiten an den genannten Abweichungen beteiligt war, hätte bekannt sein müssen, welche Ionen und Ionenkomplexe im Vakuumkessel vorhanden waren und welches die Reaktionen der im Feld beschleunigten Ladungsträger mit deren Stoßpartnern waren. Aus der Literatur ist bekannt [5], daß es sich hierbei um komplizierte Vorgänge handeln kann. Daher ist insbesondere dann, wenn Reaktionen zwischen den Ionen im Felde des Kondensators und dem Neutralgas ablaufen, kein einfacher Zusammenhang zwischen den Beweglichkeiten der verschiedenen Ionen und dem Parameter $\frac{E}{p}$ zu erwarten. Aus der Literatur über Ionenbeweglichkeiten [5] ist zu schließen, daß aus diesem Grunde die beschriebene Methode zur Bestimmung der Strömungsgeschwindigkeit, je nach der Gastemperatur und den verwendeten Ionen, im Bereich zwischen etwa $\frac{E}{p}$ gleich 5 bis 100 Volt/cm · Torr nicht ohne weiteres anwendbar ist. Oberhalb dieses $\frac{E}{p}$ -Bereiches ergeben sich jedoch, sofern keine Stoßionisation auftritt, wieder einfachere Verhältnisse, da dort die Ionenbeweglichkeiten proportional zu der Wurzel aus dem Kehrwert der Feldstärken sind.

10. Folgerungen für die Strömungsmessungen in der D-Schicht der Ionosphäre

Um zu entscheiden, ob und gegebenenfalls mit welchen Modifiaktionen die beschriebene Strömungssonde bei einem Experiment in der unteren D-Schicht der Ionosphäre, wo wegen der zu erwartenden hohen Durchströmungsgeschwindigkeiten und der geringen Gasdrucke bei verhältnismäßig großem Quotienten $\frac{E}{p}$ gearbeitet werden muß, mit Nutzen eingesetzt werden kann, sind die Beweglichkeiten der dort vorhandenen Ionen in ihrer Abhängigkeit von der Feldstärke zu betrachten.

Wenn auch die denkbaren Vorgänge zwischen den im Gas vorhandenen Ionen und deren Stoßpartnern im Feld des Kondensators im einzelnen sehr kompliziert sein können, so ist für das folgende eine einfache Modellvorstellung doch recht nützlich, denn sie gibt die beiden Grenzfälle der konstanten Beweglichkeiten bei kleinen $\frac{E}{p}$ - und der mit $1/\sqrt{E}$ variablen Beweglichkeiten bei hohen $\frac{E}{p}$ -Werten im Prinzip richtig wieder.

Je nachdem, ob in diesem Modell die im elektrischen Feld des Kondensators sich einstellende mittlere Ionendriftgeschwindigkeit $\bar{v}$ klein oder groß im Vergleich zur mittleren thermischen Geschwindigkeit $\bar{u}$ ist, hat man eine konstante oder eine von der Feldstärke abhängige Ionenbeweglichkeit.

Bleibt nämlich die im Feld erlangte mittlere Geschwindigkeit der Ionen klein gegen die thermische der Gasmoleküle, so wird die Zeit τ, die im Mittel zwischen zwei aufeinanderfolgenden Stößen der Ionen mit Neutralgaspartikeln verstreicht, allein durch die mittlere thermische Geschwindigkeit $\bar{u}$ bestimmt. Es ist also:

$$\tau = \frac{\lambda}{\bar{u}} \qquad (10.1)$$

wenn λ die mittlere freie Weglänge ist.

Ist ferner $b = \frac{e \cdot E}{m}$ der Betrag der Beschleunigung, die die Ionen mit der Elementarladung e und der Masse m zwischen zwei Zusammenstößen im Feld E des Kondensators erfahren, und verliert ferner ein Ion im Mittel bei jedem Zusammenstoß mit einem (gleichschweren) Neutralgasmolekül seine Geschwindigkeit völlig, so beträgt seine mittlere Driftgeschwindigkeit:

$$\bar{v} = \frac{1}{2} \cdot b \cdot \tau = \frac{1}{2} \cdot \frac{e}{m} \cdot \frac{\lambda}{\bar{u}} \cdot E \qquad (10.2)$$

$\bar{v}$ ist in diesem Fall also proportional zur Feldstärke E. Der Proportionalitätsfaktor ist die Ionen-Beweglichkeit:

$$k = \frac{1}{2} \cdot \frac{e}{m} \cdot \frac{\lambda}{\bar{u}} \qquad (10.3)$$

Ist dagegen die mittlere Driftgeschwindigkeit, die die Ionen im Feld des Kondensators erlangen, groß gegen die thermische, so "sehen" die sehr schnell bewegten Ionen quasi feststehende Gasmoleküle. Ihre freie Weglänge ist in diesem Fall $\sqrt{2} \cdot \lambda$, und die Zeit zwischen zwei Zusammenstößen berechnet sich wegen

$$\sqrt{2} \cdot \lambda = \frac{1}{2} \cdot b \cdot \tau^2 \qquad (10.4)$$

zu

$$\tau = \sqrt{2 \cdot \sqrt{2}} \cdot \sqrt{\frac{\lambda}{b}} \qquad (10.5)$$

Damit erhält man für die mittlere Driftgeschwindigkeit $\bar{v}$ der Ionen im Feld des Kondensators:

$$\bar{v} = \frac{1}{2} \cdot b \cdot \tau = \frac{1}{\sqrt[4]{2}} \cdot \sqrt{\frac{e}{m} \cdot \lambda \cdot E} \qquad (10.6)$$

$\bar{v}$ ist also in diesem Fall proportional zu $\sqrt{E}$, und die Beweglichkeit ist wegen

$$\bar{v} = k(E) \cdot E \qquad (10.7)$$

proportional zu $1/\sqrt{E}$. Schreibt man $k = k_o \cdot 1/\sqrt{E}$, so ist $k_o \sim \sqrt{\lambda} \sim 1/\sqrt{p}$ und $\bar{v} \sim \sqrt{\frac{E}{p}}$.

Wie nun von der Erfahrung bestätigt wird, sind die Ionen-Beweglichkeiten bei hinreichend kleinen Werten von $\frac{E}{p}$ konstant. Ebenso ergaben Messungen [5] , daß die auf Normalbedingungen reduzierten Ionen-Driftgeschwindigkeiten bei hinreichend hohen Werten von $\frac{E}{p}$, wie auch immer ihre Verläufe bei mittleren $\frac{E}{p}$ im einzelnen aussehen mögen, sich an $\sqrt{\frac{e}{m} \cdot \lambda \cdot E}$ proportionale Werte annähern. Insbesondere haben Messungen ergeben, daß die Beweglichkeiten von O_2^+- und N_2^+-Ionen in O_2- und N_2-Gas oberhalb von $\frac{E}{p} \approx 150$ Volt/cm · Torr bei konstantem Druck, näherungsweise proportional zu $\frac{1}{\sqrt{E}}$ sind [5].

Unter den dargelegten Verhältnissen ist es verständlich, daß man mit der Strömungssonde in der unteren D-Schicht der Ionosphäre bei so hohen $\frac{E}{p}$ - Werten arbeiten muß, daß man für ihr Funktionsverhalten eine mit $1/\sqrt{E}$ gehende Abhängigkeit der Ionen-Beweglichkeiten von der Feldstärke voraussetzen darf. Wenn überhaupt, dann sind nur so im Detail interpretierbare und hinreichend genaue Strömungsmessungen zu erwarten. Dies wird noch gezeigt werden. Ebenso ist es der einfacheren Verhältnisse wegen besser, nicht mit der zylindrischen, sondern mit einer ebenen Version der Sonde zu arbeiten, denn das inhomogene Zylinderfeld liefert wegen der Feldstärken-Abhängigkeit der Ionenbeweglichkeiten keine so einfachen Beziehungen wie das homogene Feld eines ebenen Kondensators.

Die technische Ausführung einer ebenen Version des Strömungsmessers zeigt die Abb. 17. Die Sonde

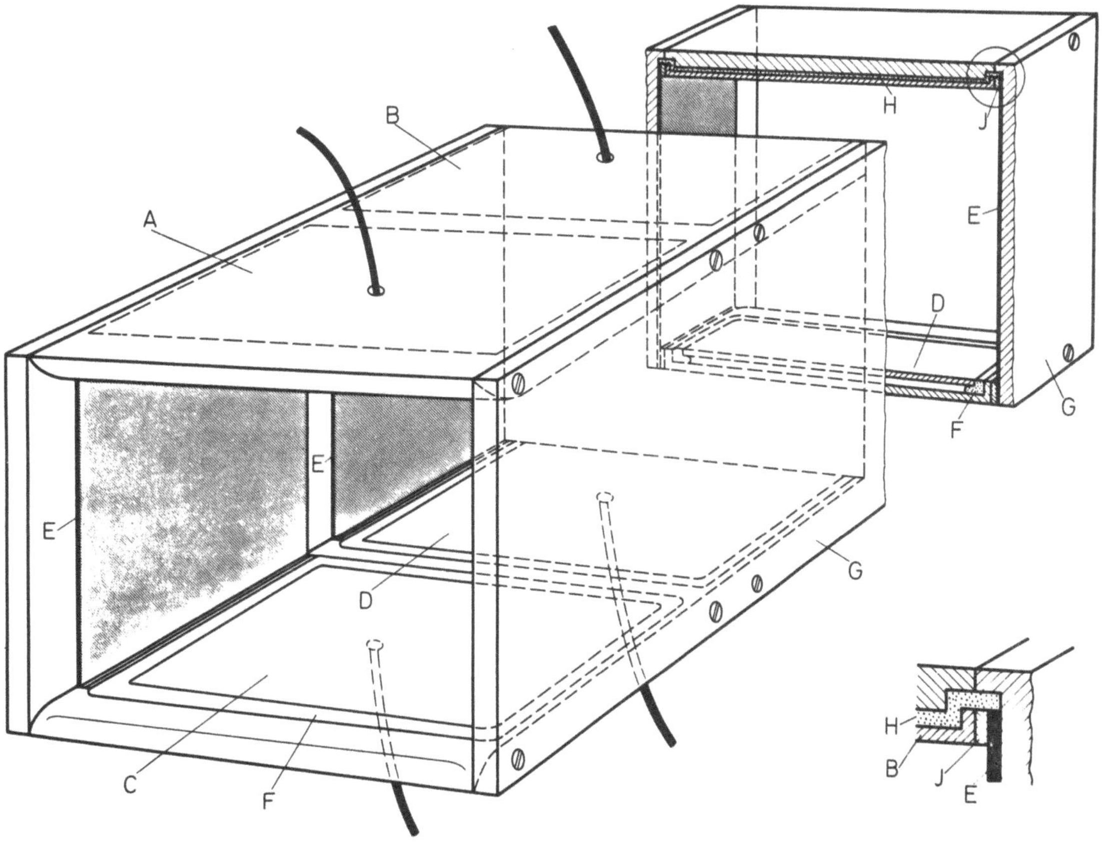

Abb. 17: Halbschematische Darstellung einer ebenen Version des Strömungsmessers
A: Treibelektrode Verschlußsystem
B: Treibelektrode Fangsystem
C: Meßelektrode Verschlußsystem
D: Meßelektrode Fangsystem
E: leitfähige Folie (Homogenisierung)
F: Teflon-Isolation
G: Gehäuse
H: Isolation der Treibelektroden
J: Kontaktleiste der Widerstandsfolie

besteht aus zwei hintereinander angeordneten Plattenkondensatoren, die in einem Metallrohr von quadratischem oder rechteckigem Querschnitt untergebracht sind. Der vordere Kondensator dient zur Modulation des Ionenstromes, der hintere ist das Abfangsystem. Ein homogenes elektrisches Feld kann im Innern der Kondensatoren trotz der metallischen Seitenwände des Sondenrohres aufgebaut werden, wenn die beiden Kondensatorplatten der Meßsysteme an beiden Seiten mit einer leitenden Folie verbunden werden. Wird an den Kondensator eine Spannung angelegt, so fließt über die Folie ein Leitungsstrom, dessen Spannungsabfall über der Folie genau den Äquipotentiallinien des elektrischen Feldes im Innern des Kondensators entspricht. Somit wird das Feld im Innern des Kondensators bis zum Rand hin homogenisiert. Allerdings handelt man sich mit dieser Methode ein zusätzliches Magnetfeld ein. Durch einen genügend großen Flächenwiderstand der Folie kann man aber das Magnetfeld so klein halten, daß es die Messungen nicht mehr stört.

Da bei dieser Anordnung stets ein Leitungsstrom fließt, muß man mit einer Art Schutzringanordnung arbeiten, damit der eigentliche Ionenstrom, der sehr klein sein kann, von dem vielfach größeren Folien-Leitungsstrom getrennt werden kann. Die technische Realisierung ist sehr einfach: Da eine der Platten des Kondensators, nämlich die Meßelektrode, mit dem abschirmenden Metallrohr leitend verbunden ist, isoliert man die Meßplatte vom Gehäuse und verbindet sie über den Eingang des Stromverstärkers mit dem abschirmenden Metallrohr. Der Stromverstärker enthält eine Gegenkopplung, die dafür sorgt, daß die Spannung der isolierten Meßplatte gegenüber dem Schaltungsnullpunkt sehr klein (einige Millivolt) bleibt.

Unmittelbar vor dem Ein- und hinter dem Ausgang des modulierenden Kondensators befinden sich weitere Hilfselektroden zur Verminderung von unerwünschten Streufeldern und zur Entkopplung des vorderen von dem hinteren System. Diese Hilfselektroden dürfen jedoch die Strömung durch die Sonde nicht wesentlich behindern. (In der Abb. 17 sind diese Hilfselektroden nicht eingezeichnet worden.)

Für die Berechnung des Funktionsverhaltens der ebenen Version der Strömungssonde bei proportional zu $1/\sqrt{E}$ variablen Beweglichkeiten ist auszugehen von der Bewegungsgleichung der Ionen im homogenen Feld des Kondensators. Man erhält für die Driftgeschwindigkeit der Ionen parallel zur Feldrichtung, wenn $k = k_o \cdot 1/\sqrt{E}$ die Bewglichkeit der betrachteten (positiven) Ionen, d der Abstand der Kondensatorplatten, U die anliegende Spannung und E die entgegen der y -Richtung orientierte Feldstärke ist:

$$\frac{dy}{dt} = k \cdot E = - k_o \cdot \sqrt{\frac{U}{d}} \tag{10.8}$$

Ist ferner

$$v = \frac{dx}{dt} \tag{10.9}$$

die Durchströmungsgeschwindigkeit in Richtung der Sonden-Längenachse, so erhält man nach Eliminierung von dt für die Bahngleichung eines an der Stelle $x = 0$, $y = y_o$ in den Kondensator eintretenden (positiven) Ions wegen:

$$v \cdot \int_{y=y_o}^{y} dy = - k_o \cdot \sqrt{\frac{U}{d}} \cdot \int_{o}^{x} dx \tag{10.10}$$

$$y = y_o - \frac{k_o}{v} \cdot \sqrt{\frac{U}{d}} \cdot x , \tag{10.11}$$

also Geraden.

Da ein Ion, das an der Stelle $y_o = d$ in den Kondensator eintritt, den größten Weg in ihm zurücklegt, werden alle Ionen mit dem gleichen k_o - Wert längs einer Abfanglänge x_L vollständig abgefangen, die sich wegen Gl. (10.11) aus

$$d - \frac{k_o}{v} \cdot \sqrt{\frac{U}{d}} \cdot x_L = 0 \tag{10.12}$$

zu

$$x_L = \frac{d^{1,5} \cdot v}{k_o \cdot \sqrt{U}} \tag{10.13}$$

berechnet.

Mit Hilfe der Abfanglängen x_L können nun auch die mittleren resultierenden Ströme $\overline{I}_{res}(f, U_s = \text{konst.})$ im Abfangkondensator in vollständiger Analogie zu den vorn durchgeführten Rechnungen als Funktion der Modulationsfrequenz im vorderen Kondensator ermittelt werden, wenn Ionen mit verschiedenen k_o-Werten k_{o1}, k_{o2} usw. im Gasstrom vorhanden sind oder ein ganzes Spektrum von k_o- Werten vorliegt.

Für den mittleren, zu einer Ionensorte mit k_o gehörigen Teilstrom $\overline{I}(f, U_s = \text{konst.})$ erhält man, sofern wieder B die Länge des vorderen, modulierenden Kondensators ist

für $x_L \leqq B$, d.h. $U_s \geqq \frac{d^3 \cdot v^2}{k_o^2 \cdot B^2}$

$$\overline{I}_{k_o} = N_{k_o} \cdot e \cdot q \cdot \frac{v}{2} \cdot \left(1 - \frac{f}{f_g}\right) \qquad \text{für } f \leqq f_g$$

bzw. (10.14)

$$\overline{I}_{k_o} = 0 \qquad \text{für } f \geqq f_g,$$

worin (vgl. Gl. (3.2.5))

$$f_g = \frac{v}{2 \cdot \left(B - \frac{d^{1,5} \cdot v}{k_o \cdot \sqrt{U_s}}\right)} \tag{10.15}$$

ist, oder für den Fall

$x_L \geqq B$, d.h. $U_s \leqq \frac{d^3 \cdot v^2}{k_o^2 \cdot B^2}$

nach Gl. (3.2.10):

$$\overline{I}_{k_o} = N_{k_o} \cdot e \cdot q \cdot v \left(1 - \frac{1}{2} \frac{k_o \cdot \sqrt{U_s}}{d^{1,5} \cdot v} \cdot B\right) \tag{10.16}$$

mit $f_g = \infty$.

Zu jeder "charakteristischen Beweglichkeit" k_o gehört also wieder ein linear von der Frequenz abhängiger oder konstanter Teilstrom, der je nach der verwendeten Amplitude U_s der Modulationsspannung und dem betrachteten k_o- Wert eine endliche Grenzfrequenz besitzt oder nicht.

Bei gleichzeitiger Anwesenheit von Ionen mit verschiedenen k_o- Werten reicht der linear von der Frequenz abhängige Teil der aus den Einzelströmen $\overline{I}_{k_o}$ resultierende mittlere Abfangstrom

$$\overline{I}_{res}\left(f, U_s = \text{konst.} > \frac{d^3 \cdot v^2}{k_{o\,max}^2 \cdot B^2}\right)$$

unter Vernachlässigung der Diffusion hinauf bis zu einer höchsten Frequenz, die gegeben ist durch:

$$f_{max} = f_{g_{min}} = \frac{v}{2 \cdot \left(B - \frac{d^{1,5} \cdot v}{k_{o_{max}} \cdot \sqrt{U_s}}\right)} \quad . \tag{10.17}$$

Ebenso berechnet man die Funktionen $\bar{I}_{res}$ (f, U_s = konst.) wieder durch Addition bzw. durch Integration der Teilströme Gl. (10.14) und Gl. (10.16) in völliger Analogie zu den vorn durchgeführten Rechnungen für konstante Ionenbeweglichkeiten. Man erhält so für den linearen Teil von $\bar{I}_{res}$:

$$\bar{I}_{res} = e \cdot q \cdot v \cdot \left[\frac{1}{2} \cdot \int\limits_{k_o > \frac{d^{1,5} \cdot v}{B \cdot \sqrt{U_s}}} N(k_o) \cdot dk_o + \int\limits_{k_o \leq \frac{d^{1,5} \cdot v}{B \cdot \sqrt{U_s}}} N(k_o) \cdot \left(1 - \frac{1}{2} \frac{k_o \sqrt{U_s}}{d^{1,5} \cdot v} \cdot B\right) \cdot dk_o\right]$$
$$- f \cdot e \cdot q \cdot \int\limits_{k_o > \frac{d^{1,5} \cdot v}{B \cdot \sqrt{U_s}}} N(k_o) \cdot \left(B - \frac{d^{1,5} \cdot v}{k_o \cdot \sqrt{U_s}}\right) \cdot dk_o \qquad (\text{gültig für} \quad f \leq f_{max}) \tag{10.18}$$

und für den nichtlinearen Teil oberhalb von $f_{max} = f_{g_{min}}$ ergibt sich mit:

$$k_o^{*} = \frac{d^{1,5} \cdot v}{B \cdot \sqrt{U_s}} \quad \text{und} \quad k_o^{**} = \frac{d^{1,5} \cdot v}{\sqrt{U_s} \cdot \left(B - \frac{v}{2 \cdot f}\right)} \qquad (\text{vgl. Gl. } (10.15))$$

$$\bar{I}_{res} = e \cdot q \cdot v \cdot \left[\frac{1}{2} \cdot \int_{k_o^{*}}^{k_o^{**}} N(k_o)\, dk_o + \int_{k_{o_{min}}}^{k_o^{*}} N(k_o) \cdot \left(1 - \frac{1}{2} \frac{k_o \sqrt{U_s}}{d^{1,5} \cdot v} \cdot B\right) \cdot dk_o\right]$$
$$- f \cdot e \cdot q \cdot \int_{k_o^{*}}^{k_o^{**}} N(k_o) \cdot \left(B - \frac{d^{1,5} \cdot v}{k_o \cdot \sqrt{U_s}}\right) \cdot dk_o \quad . \tag{10.19}$$

Schließlich läßt sich eine der Gl. (3.3.1) entsprechende Beziehung herleiten, aus der hervorgeht, daß im Fall der gemäß $k = k_o \cdot 1/\sqrt{E}$ variablen Ionenbeweglichkeiten für die ebene Version der Strömungssonde eine lineare Beziehung zwischen dem Kehrwert der Grenzfrequenzen und dem Kehrwert aus der Wurzel der Modulationsspannungen U_s besteht, sofern die betrachteten $U_s > \frac{d^3 \cdot v2}{k_{o_{min}}^2 \cdot B^2}$ sind. Diese Beziehung lautet:

$$\frac{1}{\bar{f}_g} = \frac{2B}{v} - 2 \cdot d^{1,5} \cdot \frac{\int\limits_{\text{alle } k_o} \frac{N(k_o) \cdot dk_o}{k_o}}{\int\limits_{\text{alle } k_o} N(k_o) \cdot dk_o} \cdot \frac{1}{\sqrt{U_s}} \tag{10.20}$$

gültig für

$$x_{L_{max}} < B, \text{ d.h. } \quad U_s > \frac{d^3 \cdot v^2}{k_{o_{min}}^2 \cdot B^2} \quad .$$

Aus Gl. (10.20) kann wieder durch Extrapolation auf $1/\sqrt{U_s} = 0$ die wahre Grenzfrequenz und - bei bekannter Länge B des modulierenden Kondensators - die gesuchte Strömungsgeschwindigkeit ermittelt werden.

Für eine genaue Bestimmung von v mit Hilfe von Gl. (10.20) sind also mindestens vier Messungen mit vier parallel gebündelten Sonden gleichzeitig oder so schnell mit einer Sonde nacheinander durchzuführen, daß sich in dieser Zeit die Durchströmungsgeschwindigkeit der an einem Fallschirm herabfallenden Sonde und das Ionen-Beweglichkeitsspektrum nicht merklich ändern. D.h. es müssen für zwei verschiedene Modulationsspannungen U_s mit

$$U_s > \frac{d^3 \cdot v^2}{k_{o_{min}}^2 \cdot B^2}$$

die Grenzfrequenzen bestimmt werden. Jede dieser beiden Grenzfrequenzen erhält man aus den Werten $\overline{I}_{res}$ für zwei verschiedene Meßfrequenzen, die kleiner sein müssen als die minimal zu erwartende wahre Grenzfrequenz $f^*_{g_{min}} = \frac{v_{min}}{2B}$.

In der folgenden Tabelle sind für eine Fallschirmsonde (Flächenbelastung des Bremsschirmes $0{,}2\ kp/m^2$, C_w = Widerstandsbeiwert = 1), die in 78 km Höhe ausgestoßen wird, die zu erwartenden Strömungsgeschwindigkeiten, der Verlauf des Luftdruckes mit der Höhe nach CIRA [7], die Feldstärken für $\frac{E}{p}$ = 200 Volt/cm · Torr, die dazugehörigen Abfanglängen x_L nach Gl. (10.13) für N_2^+-Ionen mit Beweglichkeiten nach LOEB [5] bei Verwendung eines Modulationskondensators mit 5 cm Plattenabstand sowie die dafür erforderlichen Modulationsspannungen U_s für den Höhenbereich zwischen 76,5 und 60 km zusammengestellt. Außerdem enthält die Tabelle die wahren Grenzfrequenzen f^*_g für eine Länge des modulierenden Kondensators von B = 10 cm und die $k_o(N_2^+)$-Werte nach LOEB (s.o.).

Tabelle 3

h [km]	v [cm/sec]	p [Torr]	E $[\frac{Volt}{cm}]$	$x_L(200)(N_2^+)$ [cm]	U_s [Volt]	f^*_g [Hz]	$k_o(N_2^+)$ $[\frac{cm^{1,5}}{Volt^{1/2} \cdot sec}]$
60	$1{,}3 \cdot 10^4$	$1{,}64 \cdot 10^{-1}$	32,8	$5{,}2 \cdot 10^{-1}$	164	650	$2{,}18 \cdot 10^4$
63	$1{,}65 \cdot 10^4$	$1{,}08 \cdot 10^{-1}$	21,6	$6{,}6 \cdot 10^{-1}$	108	825	$2{,}69 \cdot 10^4$
66	$2{,}14 \cdot 10^4$	$6{,}97 \cdot 10^{-2}$	13,9	$8{,}56 \cdot 10^{-1}$	69,5	1070	$3{,}35 \cdot 10^4$
69	$2{,}56 \cdot 10^4$	$4{,}48 \cdot 10^{-2}$	8,95	1,02	44,8	1280	$4{,}18 \cdot 10^4$
72	$2{,}6 \cdot 10^4$	$2{,}81 \cdot 10^{-2}$	5,61	1,04	28,1	1300	$5{,}27 \cdot 10^4$
75	$1{,}94 \cdot 10^4$	$1{,}73 \cdot 10^{-2}$	3,46	$7{,}76 \cdot 10^{-1}$	17,3	970	$6{,}72 \cdot 10^4$
76,5	$1{,}2 \cdot 10^4$	$1{,}35 \cdot 10^{-2}$	2,70	$4{,}8 \cdot 10^{-1}$	13,5	600	$7{,}62 \cdot 10^4$

Für O_2^+-Ionen ergeben sich - ebenfalls nach LOEB (s.o.) - noch etwas kleinere Abfanglängen gegenüber den für N_2^+-Ionen, die in der Tabelle angegeben sind.

Wenn auch die Beweglichkeiten der übrigen in der D-Schicht vorhandenen (positiven) Ionen bei Werten von $\frac{E}{p}$ um 200 Volt/cm · Torr proportional zu $1/\sqrt{E}$ sind (und dies ist recht wahrscheinlich), dann dürfen die k_o-Werte der unbekannten Ladungsträger bei einer Länge des modulierenden Kondensators von 10 cm etwa 10 mal kleiner als der für N_2^+-Ionen gültige Wert von k_o sein, ohne daß die Bedingung $x_{L_{max}} < B$ verletzt und somit die Gl. (10.20) ungültig wird.

Wenn aber die charakteristischen Beweglichkeiten k_o der übrigen (positiven) Ionen für $\frac{E}{p} \approx$ 200 Volt/cm · Torr sogar nicht wesentlich von denen für N_2^+- Ionen verschieden sein sollten, und das ist ebenfalls möglich, so erhält man mit deren relativ geringen Abfanglängen (vgl. Tabelle 3) die Durchströmungsgeschwindigkeit bereits mit einer Genauigkeit von rund 10 %, wenn man sie einfach aus den Grenzfrequenzen $\overline{f}_g \approx f_g^*$ mit Hilfe der Gleichung (3.2.17) berechnet. (Dabei werde die Modulationsspannung U_s nach Maßgabe der jeweiligen Höhe in einigen Stufen umgeschaltet, um unnötig hohe Feldstärken zu vermeiden.)

Bei den erforderlichen Modulationsspannungen U_s entfällt auf eine freie Weglänge in Feldrichtung eine so geringe Potentialdifferenz, daß Störungen durch Stoßionisation mit einiger Sicherheit ausgeschlossen werden können.

Schließlich liegen die zu erwartenden Abfangströme $\overline{I}_{res}$ für eine Sonde von etwa 50 cm^2 Querschnitt bei den im genannten Höhenbereich zu erwartenden Konzentrationen der positiven Ionen von etwa 10^3 bis $10^4 \cdot cm^{-3}$ in einem technisch gut beherrschbaren Bereich. Die geringsten zu erwartenden Ströme würden mit $v = 1,2 \cdot 10^4$ cm/sec, $f_g = 600$ Hz nach Gl. (10.14) rund $1,6 \cdot 10^{-11}$ A betragen. Die höchsten Ströme würden mit 10^4- Ionen pro cm^3, $v = 2,6 \cdot 10^4$, $f_g = 1300$ Hz und $f = 100$ Hz bei rund 10^{-9} A liegen.

11. Ergänzungen

11.1 Die Berechnung von $N_q(x)$ und $x_L(k, U)$

Durch einen Zylinderkondensator, dessen Streufelder durch geeignete Maßnahmen soweit reduziert sein mögen, daß sie für die folgende Rechnung vernachlässigt werden dürfen, werde mit Ionen beladenes Gas mit einer überall im Kondensatorquerschnitt konstanten Geschwindigkeit v hindurchgeblasen. Dann nimmt die an der Stelle x über den Kondensatorquerschnitt gemittelte Ionendichte $N_q(x)$ im Kondensator längs der Strecke x_L, der Abfanglänge, von N_o am Kondensatoreingang auf 0 am Ende der Strecke x_L ab, wenn eine entsprechende Gleichspannung U am Kondensator anliegt. Es soll gezeigt werden, daß dieser Abfall linear ist.

Die Feldstärke im Zylinderkondensator (vgl. Abb. 18) beträgt

$$E = -\frac{U}{y \cdot \ln \frac{R}{r}} \quad . \tag{11.1.1}$$

Die im Gasstrom mit der Geschwindigkeit v

$$v = \frac{dx}{dt} \tag{11.1.2}$$

in achsialer (x)- Richtung mitgeführten positiven Ionen nehmen im Kondensatorfeld eine ihrer Beweglichkeit k entsprechende Geschwindigkeitskomponente

$$\frac{dy}{dt} = k \cdot E = -\frac{k \cdot U}{y \cdot \ln \frac{R}{r}} \tag{11.1.3}$$

an. Ersetzt man dt in Gl. (11.1.3) durch $\frac{dx}{v}$ - siehe Gl. (11.1.2) - so kann man die Bahnkurve eines bei x = 0 (Kondensatoranfang) im Abstand y_o von der Zylinderachse in den Kondensator eintretenden Ions berechnen. Man erhält zunächst

$$\int_{y=y_o}^{y} \frac{\ln \frac{R}{r}}{k \cdot U} \cdot y \cdot dy = - \int_{x=0}^{x} \frac{1}{v} \, dx \, . \tag{11.1.4}$$

Durch Integration und nach dem Einsetzen der Kondensatorkapazität in cm

$$\frac{B}{2 \cdot \ln \frac{R}{r}} = C \tag{11.1.5}$$

erhält man die Gleichung für die parabelförmigen Ionenbahnen:

$$y^2 = y_o^2 - 4 \cdot \frac{C \cdot k \cdot U}{B \cdot v} \cdot x \, . \tag{11.1.6}$$

Die im Punkt $(0, y_o)$ einfallenden positiven Ionen erreichen die Mittelelektrode an einer Stelle x, für die in Gl. (11.1.6) y = r wird. Alle positiven Ionen, die in einem geringeren Abstand als y_o von der Achse des Kondensators in den Kondensator eintreten, sind an der Stelle x bereits aus dem Gasstrom entfernt, während die übrigen, das sind alle diejenigen, die sich in der infinitesimal dünnen, ringförmigen Scheibe mit den Radien y_o und R am Kondensatoreingang befanden, noch in dem an der Stelle x gelegenen Querschnitt des Kondensators anzutreffen sind.

Die mittlere Ionenkonzentration $N_q(x)$ in dem an der Stelle x gelegenen Querschnitt berechnet sich also aus dem Verhältnis der Querschnittsflächen (vgl. Abb. 18) zu

$$N_q(x) = N_o \cdot \frac{R^2 - y_o^2}{R^2 - r^2} \, . \tag{11.1.7}$$

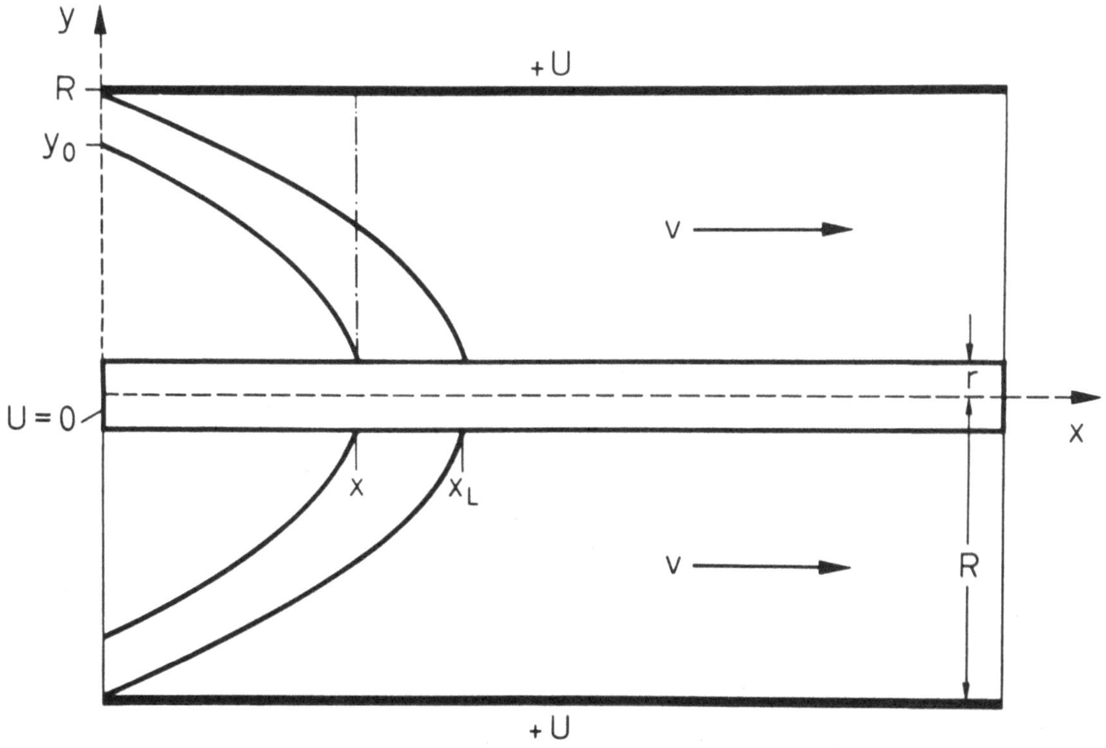

Abb. 18: Zur Berechnung der Abfanglänge x_L und der Trapezform der Ionendichte-Wellen ($N_q(x)$) für einen Zylinderkondensator

Setzt man in die obige Gleichung $y_o^2(x)$ nach Gl. (11.1.6) mit $y = r$:

$$y_o^2 = r^2 + 4 \cdot \frac{C \cdot k \cdot U}{B \cdot v} \cdot x \tag{11.1.8}$$

ein, so ergibt sich:

$$N_q(x) = N_o \cdot \left(1 - \frac{x}{x_L}\right) \quad \text{für} \quad x \leqq x_L$$

$$N_q(x) = 0 \quad \text{für} \quad x \geqq x_L \tag{3.2.1}$$

mit

$$x_L = \frac{B \cdot (R^2 - r^2) \cdot v}{4 \cdot C \cdot k \cdot U} . \tag{3.2.2}$$

Für negative Ionen, deren Beweglichkeit negativ anzusetzen ist, weil die Richtung des elektrischen Feldes vorgegeben wurde, erhält man genau die gleichen Beziehungen. x_L, die Abfanglänge, ergibt sich auch als x-Wert von Gl. (11.1.6), wenn dort $y_o = R$ und $y = r$ gesetzt wird.

11.2 Zum Verlauf von $\overline{I}(f)$ in der Nähe der Grenzfrequenz bei nur einer Ionenbeweglichkeit und vernachlässigbarer Diffusion

Nach der vorn gegebenen Ableitung von $\overline{I}(f)$ für $x_L < B$ und der Darstellung der trapezförmigen Ionendichte-Welle $N_q(x)$, die mit dem Gasstrom vom Ende des vorderen zum hinteren Kondensator wandert, könnte der Eindruck entstehen, daß in der Nähe der Grenzfrequenzen auch ohne Diffusion eine Abweichung von der Linearität in $\overline{I}(f)$ besteht.

Dieser Eindruck drängt sich dadurch auf, weil mit zunehmender Frequenz schließlich bei einer Frequenz f_s aus der trapezförmigen N_q-Welle (vgl. Abb. 6) eine Welle, bestehend aus dreieckförmigen N_q-Impulsen, wird, und sich diese Dreieckflächen mit weiter steigender Frequenz nach einem anderen Gesetz mit f verändern könnten als die trapezförmigen Flächen für Frequenzen unterhalb von f_s. Eine genauere Betrachtung, die wieder am Beispiel des ebenen Kondensators in Abb. 19 erläutert wird, zeigt jedoch, daß dies nicht der Fall ist. Die Linearität in $\overline{I}(f)$ bleibt bis hinauf zur Grenzfrequenz f_g erhalten. Für den Zylinderkondensator ergeben sich wieder genau die gleichen Verhältnisse. Dies soll jedoch nicht weiter abgeleitet werden.

In Abb. 19 ist zur Zeit t_o gerade die modulierende Rechteckspannung am vorderen Kondensator abgeschaltet worden. Die Stirnfläche der Ionengrenze setzt sich mit dem Gasstrom in Bewegung und erreicht nach Ablauf von

$$\frac{T}{2} = \frac{B}{v} - \frac{1}{v} \cdot (1 - a) \cdot x_L \tag{11.2.1}$$

Sekunden die im zweiten Bild von oben dargestellte Position, in der die Spannung am Kondensator wieder eingeschaltet wird (mit den in Abb. 19 dargestellten Werten ist $f_s < f = \frac{1}{T} < f_g$). In welcher Weise sich daraufhin der verkümmerte Dreiecksimpuls ausbildet, ist im 3. und 4. Bild von oben dargestellt.

Nach Abb. 19 erhält man die über eine Wellenlänge gemittelte Ionendichte im Laufraum zu

$$\overline{N} = \frac{x_L \cdot a \cdot N_o}{\lambda} \tag{11.2.2}$$

Drückt man a mit Hilfe von Gl. (11.2.1) durch f, B, v und x_L aus und ersetzt $\lambda = v \cdot f$, so erhält man auch für $f_s < f < f_g$ die bekannte lineare Beziehung Gl. (3.2.4) zwischen $\overline{I}$ und f:

$$\overline{I} = \overline{N} \cdot e \cdot q \cdot v = N_o \cdot e \cdot q \cdot$$

$$\cdot \left[\frac{v}{2} - (B - x_L) \cdot f \right] \qquad (3.2.4)$$

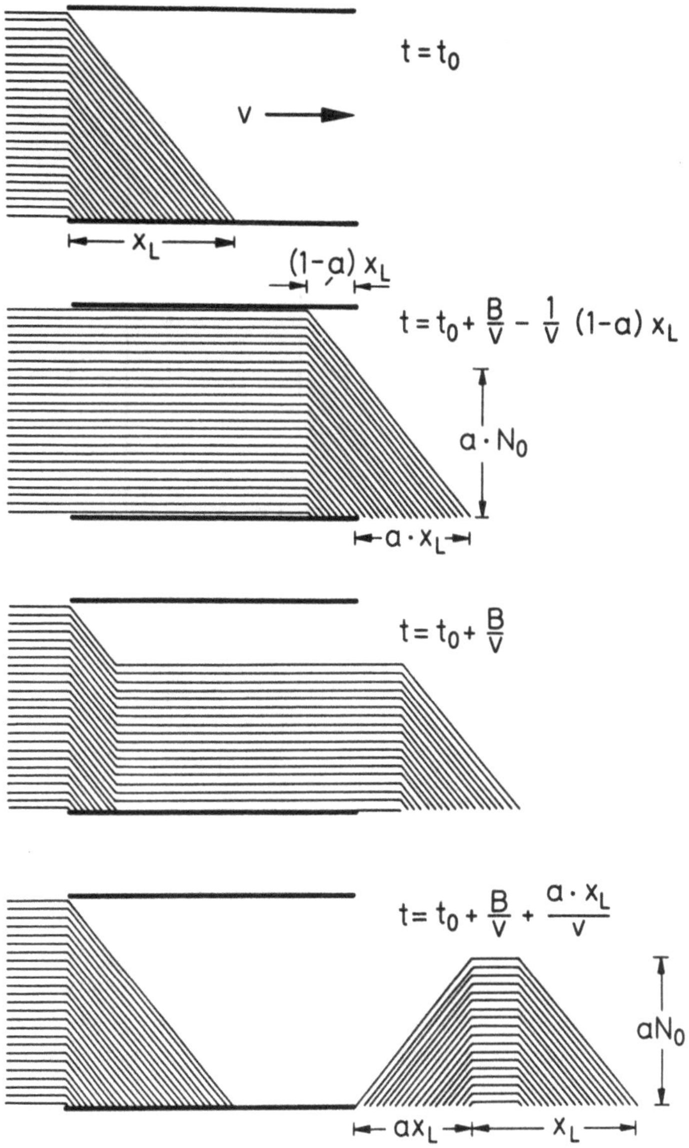

Abb. 19: Zur Ausbildung der Ionendichte-Wellen hinter dem Modulationskondensator für Modulationsfrequenzen, die nur wenig von den Grenzfrequenzen des Systems verschieden sind.

11.3 Zur Messung des mittleren Ionenstromes

Der mittlere Ionenstrom im Abfangsystem kann im einfachsten Fall mit der in Abb. 20 dargestellten Schaltung gemessen werden. U_R ist dort ein Maß für den mittleren Abfangstrom. Dabei sei angenommen, daß der durch den Abfangkondensator C_a fließende (Sättigungs-) Strom nicht von dem über R und C auftretenden Spannungsabfall beeinflußt wird.

Infolge des durch C_a ($\ll C$) fließenden, impulsförmigen Abfangstromes stellt sich über R und C eine Spannung U_R ein, die im Endzustand, d.h. nach einer entsprechenden Wartezeit, um so konstanter ist, je größer man C wählt.

Aus den Gleichungen

$$U_R = I_R \cdot R \qquad (11.3.1)$$

$$U_R = \frac{1}{C} \cdot \int I_C \cdot dt \qquad (11.3.2)$$

$$I = I_R + I_C \qquad (11.3.3)$$

folgt

$$\int I \cdot dt = U_R \cdot C + \frac{1}{R} \cdot \int U_R \cdot dt + \text{konst.} \qquad (11.3.4)$$

Zu messen ist der mittlere Abfangstrom:

$$\overline{I} = \lim_{t \to \infty} \frac{1}{t} \cdot \int_{t_o}^{t_o+t} I \cdot dt = \lim_{t \to \infty} \left(\frac{C \cdot \left[U_R(t_o + t) - U_R(t_o) \right]}{t} + \frac{1}{t \cdot R} \cdot \int_{t_o}^{t_o+t} U_R \cdot dt \right)$$

$$= \lim_{t \to \infty} \frac{1}{t \cdot R} \int_{t_o}^{t_o+t} U_R \cdot dt . \qquad (11.3.5)$$

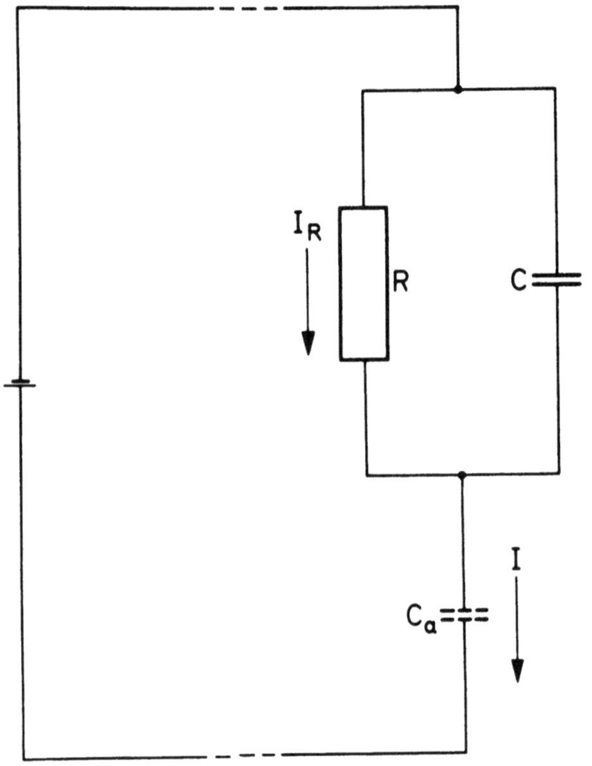

Abb. 20: Zur Messung des mittleren Stromes im Abfangsystem.

Wenn der Endzustand zur Zeit t_o praktisch erreicht war, so sind die verbleibenden Schwankungen von U_R für Zeiten $t > t_o$ um so geringer, je größer die Zeitkonstante $R \cdot C$ ist. Bei entsprechend großem $R \cdot C$ kann man dann die Spannung $U_R(t > t_o)$ als näherungsweise konstant betrachten. Man erhält dann den mittleren Strom

$$\bar{I} \approx \frac{U_R(t \geqq t_o)}{R} \tag{11.3.6}$$

mit einer von $R \cdot C$ und t abhängigen Genauigkeit.

In der Praxis stellt sich die Frage, wie groß die Zeitkonstante $\tau = R \cdot C$ zu wählen ist, wenn man bei gegebener Frequenz der am Modulationssystem anliegenden Schaltspannung U_s und bei vorgegebener Meßgenauigkeit eine möglichst geringe endliche Wartezeit t_w haben möchte, nach deren Ablauf irgendein Spannungswert $U_R(t > t_w)$ den mittleren Abfangstrom gemäß:

$$\bar{I} = \frac{U_R}{R}$$

mit der gewünschten Genauigkeit oder besser liefert.

Um diese Frage zu beantworten, werde der durch C_a fließende Strom durch eine Impulsfolge, wie sie in Abb. 21 dargestellt ist, angenähert. Gibt man einen solchen Strom, der durch δ, T und I charakterisiert ist, vor, dann berechnen sich die Spannungen U_R für die Zeiten $n \cdot T$ (mit n = 1, 2, 3 usw.) und $n \cdot T + \delta$ zu:

$$U_R(n \cdot T) = R \cdot I \cdot \left(1 - e^{-\frac{\delta}{R \cdot C}}\right) \cdot e^{\frac{\delta}{R \cdot C}} \cdot \left(\sum_{\nu=0}^{n} e^{-\frac{\nu \cdot T}{R \cdot C}} - 1\right) \tag{11.3.7}$$

$$U_R(n \cdot T + \delta) = R \cdot I \cdot \left(1 - e^{-\frac{\delta}{R \cdot C}}\right) \cdot \sum_{\nu=0}^{n} e^{-\frac{\nu \cdot T}{R \cdot C}} , \tag{11.3.8}$$

wobei $U_R(n \cdot T + \delta)$ jeweils ein Maximum, $U_R(n \cdot T)$ ein Minimum der Spannung $U_R(t)$ ist.

Die Frage nach der optimalen Dimensionierung von $R \cdot C$, wenn bei vorgegebener Meßgenauigkeit und Frequenz $f = \frac{1}{T}$ minimale Wartezeit verlangt wird, kann schrittweise beantwortet werden.

Man läßt zunächst eine unendlich große Wartezeit zu. Für diese gilt, wenn man die linke Seite der folgenden Ungleichung mit w_1 und die rechte mit w_2 bezeichnet:

$$w_1 = \frac{U_R(\infty \cdot T)}{R} < \bar{I} < \frac{U_R(\infty \cdot T + \delta)}{R} = w_2 . \tag{11.3.9}$$

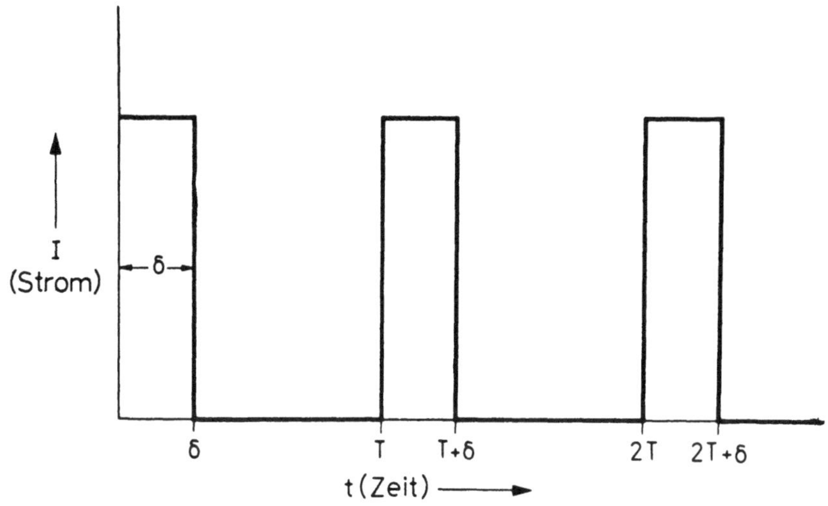

Abb. 21: Idealisierte Darstellung des Stromes im Abfangsystem.

(Das Symbol "∞" wird hier im Sinne einer beliebig großen, natürlichen Zahl gebraucht.)
Fordert man

$$\frac{w_2}{w_1} \leqq 1 + \frac{p_\infty}{100}, \tag{11.3.10}$$

worin p_∞ die Abweichung in Prozent für unendlich große Wartezeit ist, so kann diese Gleichung durch eine entsprechende Zeitkonstante erfüllt werden. Man erhält so mit Gl. (11.3.7), (11.3.8), (11.3.9), (11.3.10) und mit

$$\sum_{\nu=0}^{\infty} e^{-\frac{\nu \cdot T}{R \cdot C}} = \frac{1}{1 - e^{-\frac{T}{R \cdot C}}} \tag{11.3.11}$$

für die Zeitkonstante R · C den Wert:

$$R \cdot C \geqq \frac{T - \delta}{\ln(1 + \frac{p_\infty}{100})} . \tag{11.3.12}$$

Nach dem vorn Erläuterten ist $0 < \delta < \frac{T}{2}$.
Wählt man

$$R \cdot C = \frac{T}{\ln(1 + \frac{p_\infty}{100})} , \tag{11.3.13}$$

so ist die Ungleichung (11.3.12) sicher erfüllt.

Man kann daran anschließend fragen, wieviel Stromimpulse n_o man mindestens mit dem durch Gl. (11.3.13) gegebenen R · C-Wert abwarten muß, damit $U_R(n_o \cdot T)$ um höchstens p_t% von seinem Endwert $U_R(\infty \cdot T)$ abweicht, so daß die Bedingung:

$$\frac{U_R(\infty \cdot T)}{U_R(n_o \cdot T)} \leqq 1 + \frac{p_t}{100} \tag{11.3.14}$$

erfüllt ist. Hieraus folgt nach etwas Rechnung für die erforderliche Wartezeit t_w:

$$t_w \geqq n_o \cdot T = R \cdot C \cdot \ln(1 + \frac{100}{p_t}) .$$

Mit Gl. (11.3.13) erhält man:

$$t_w \geqq T \cdot \frac{\ln(1 + \frac{100}{p_t})}{\ln(1 + \frac{p_\infty}{100})} . \tag{11.3.15}$$

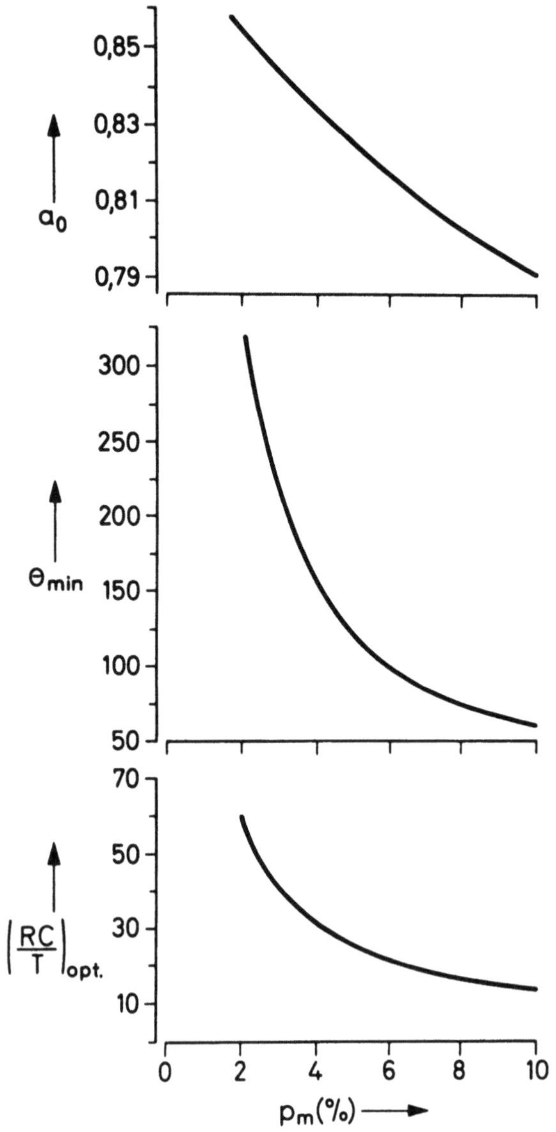

Abb. 22:

Zur Genauigkeit bei der Bestimmung des mittleren Stromes nach dem im Text beschriebenen, einfachen Verfahren. In Abhängigkeit des vorgegebenen Meßfehlers p_m (der mit Sicherheit unterschritten wird) sind dargestellt: der Parameter a_0, die auf die Periodendauer T bezogene minimale Mindestwartezeit Θ_{min} und die dafür erforderliche relative Zeitkonstante $\left(\frac{R \cdot C}{T}\right)_{opt}$.

Da der größte, bei endlicher Wartezeit t_w auftretende Fehler immer mit einem Minimum von U_R zusammenfällt, gilt für den durch p_t und p_∞ bedingten Gesamtfehler p wegen

$$1 - \frac{p}{100} = \left(1 - \frac{p_\infty}{100}\right) \cdot \left(1 - \frac{p_t}{100}\right) \tag{11.3.16}$$

$$p < p_t + p_\infty \quad . \tag{11.3.17}$$

Nennt man

$$p_t + p_\infty = p_m \tag{11.3.18}$$

und sei ferner

$$p_\infty = a \cdot p_m \, , \tag{11.3.19}$$

so ist

$$p_t = p_m \cdot (1 - a) \, . \tag{11.3.20}$$

Drückt man schließlich in der Bedingung (11.3.15) p_∞ und p_t durch p_m und a aus, so erhält man für die auf die Periodendauer T der Modulationsspannung U_s bezogene relative Mindestwartezeit Θ:

$$\Theta = \frac{t_w}{T} = \frac{\ln\left(1 + \frac{100}{p_m \cdot (1 - a)}\right)}{\ln\left(1 + a \cdot \frac{p_m}{100}\right)} \quad . \tag{11.3.21}$$

Gesucht wird derjenige a-Wert, für den die relative Wartezeit $\frac{t_w}{T}$ bei gegebenem Maximalfehler p_m (der sicher unterschritten wird) zum Minimum wird. Es ist also die Gleichung

$$\frac{d\Theta}{da} = 0 \tag{11.3.22}$$

zu lösen. Die Lösung sei $a_o(p_m)$. Mit ihr erhält man nach Gl. (11.3.21) die gesuchte minimale relative Wartezeit Θ_{min}, nach Gl. (11.3.19) den Wert für p_∞ und mit diesem schließlich nach Gl. (11.3.13) den zugehörigen Wert der erforderlichen Zeitkonstante $R \cdot C$.

In Abb. 22 sind von oben nach unten dargestellt: $a_o(p_m)$, $\Theta_{min}(p_m)$ und die dazugehörige relative Zeitkonstante $\left(\frac{R \cdot C}{T}\right)_{opt.}(p_m)$.

11.4 Über die Bestimmung des Rekombinationskoeffizienten von frischen Ionen mit dem Strömungsmesser

Alle Ionen, die nicht zum hinteren Abfangsystem gelangen, werden im vorderen Modulationskondensator aus dem Luftstrom entfernt. Die Summe der Ionenströme $\bar{I}_s$ aus beiden Systemen sollte daher, sofern die Rekombination in der Sonde vernachlässigt werden darf, gleich

$$\bar{I}_s = N_o \cdot e \cdot q \cdot v \qquad (11.4.1)$$

sein.

Damit würde nach Gl. (3.2.4) der mittlere Ionenstrom $\bar{I}_m$ im Modulator, wenn man nur Ionen mit einer einheitlichen Abfanglänge $x_L < B$ betrachtet:

$$\begin{aligned} \bar{I}_m &= N_o \cdot e \cdot q \cdot \left[\tfrac{v}{2} + (B - x_L) \cdot f \right] && \text{für} \quad f \leqq f_g \\ \bar{I}_m &= N_o \cdot e \cdot q \cdot v && \text{für} \quad f \geqq f_g \end{aligned} \qquad (11.4.2)$$

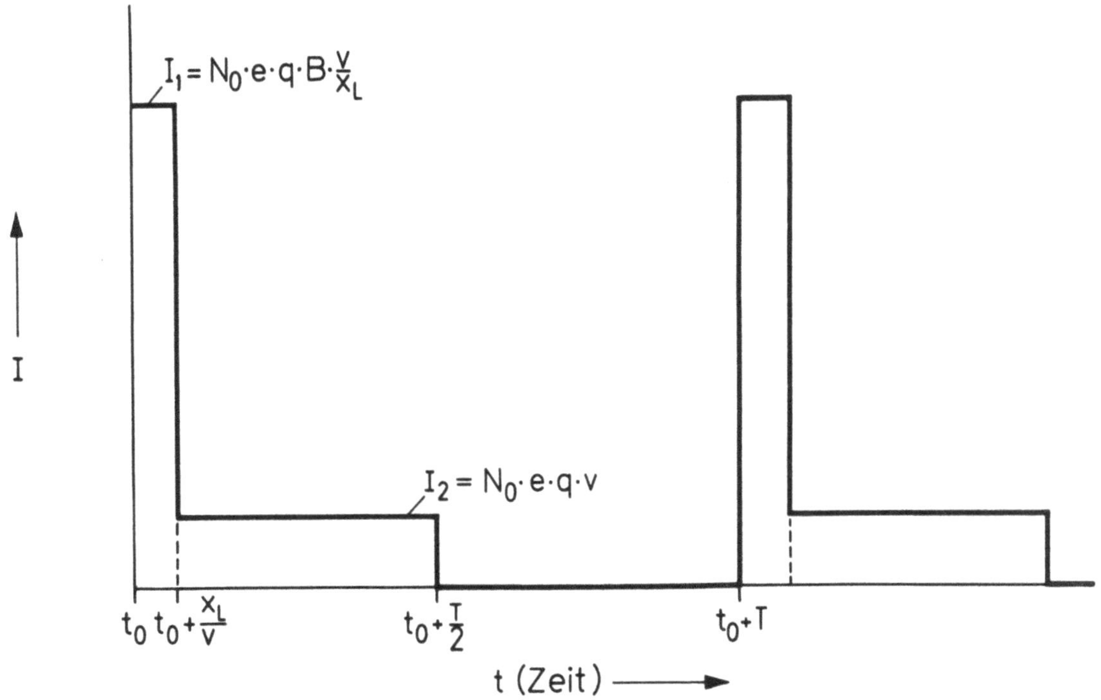

Abb. 23: Schematische Darstellung des (Leitungs-) Stromverlaufs im Modulationskondensator.

Wie man sich überlegt, ist $\bar{I}_m$ das Mittel aus einer Folge von Stromimpulsen von der Art wie in Abb. 23. Der hohe Stromstoß am Anfang eines jeden Impulses tritt immer unmittelbar nach dem Einschalten der Modulationsspannung U_s auf, weil dann in der relativ kurzen Zeit $\frac{x_L}{v}$ gerade so viel Ionen abgesaugt werden, wie in dem Volumen des Modulationskondensators vorhanden waren.

Nach Gl. (11.4.2) sollte es möglich sein, die Grenzfrequenz f_g des Systems auch durch Messung der mittleren Ionenströme im Modulationskondensator zu ermitteln; denn durch die Bestimmung von $\bar{I}_m$ für zwei verschiedene, unterhalb von f_g gelegene Frequenzen f ist die Gerade $\bar{I}_m$ (f) festgelegt. Sie schneidet die $\bar{I}$-Achse in der Höhe $\bar{I}_m (f \rightarrow 0) = N_o \cdot e \cdot q \cdot \frac{v}{2}$ und die parallel zur f-Achse verlaufende Gerade $\bar{I} = N_o \cdot e \cdot q \cdot v$ bei der Frequenz f'_g.

Die Messung ergab anfänglich, als das ionisierende Präparat noch so im Kessel aufgestellt war, daß relativ frische und daher in sehr kleinen Volumina nicht ganz homogen verteilte Ionen in die Sonde gelangten, etwas höhere Grenzfrequenzen für die Ströme im Modulator als für die im Abfangsystem. Außerdem waren die für f = 0 extrapolierten Ströme im Modulationssystem größer als im Abfangsystem. Abb. 24 zeigt das Ergebnis einer solchen Messung für positive Ionen.

Beide Effekte sind durch Rekombination erklärbar, wodurch die Zahl der Ladungsträger im Gasstrom auf ihrem Weg durch die Sonde vermindert wird. Besonders ausgeprägt ist der Effekt dann, wenn der Rekombinationskoeffizient wie bei frischen Ionen relativ groß ist [5] . Für den mit Ionen gefüllten Modula-

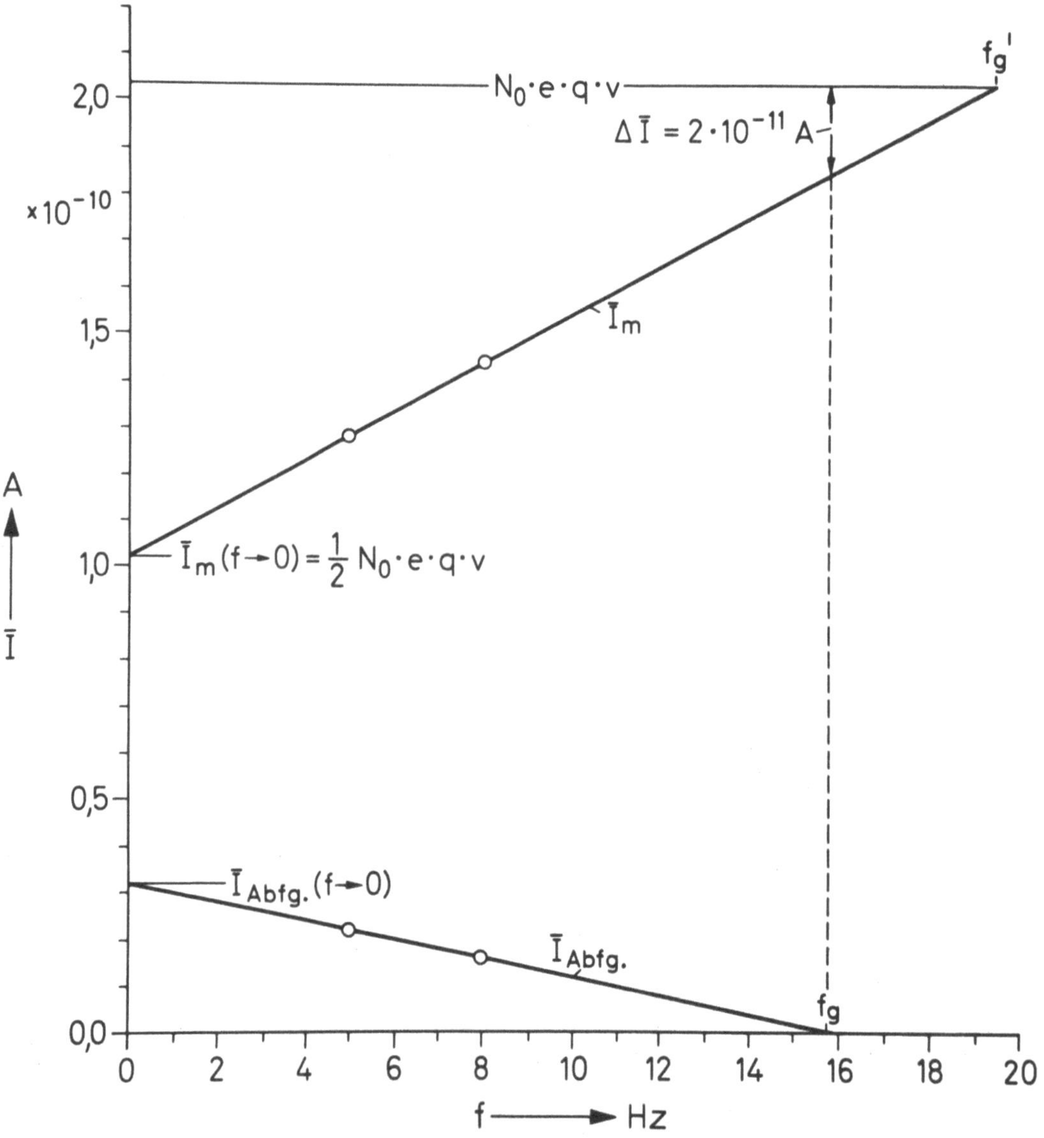

Abb. 24: Darstellung der linearen Komponenten der mittleren Ströme im Modulationskondensator ($\bar{I}_m$) und im Abfangsystem ($\bar{I}_{Abfg.}$) für frische positive Ionen nach einer Messung.

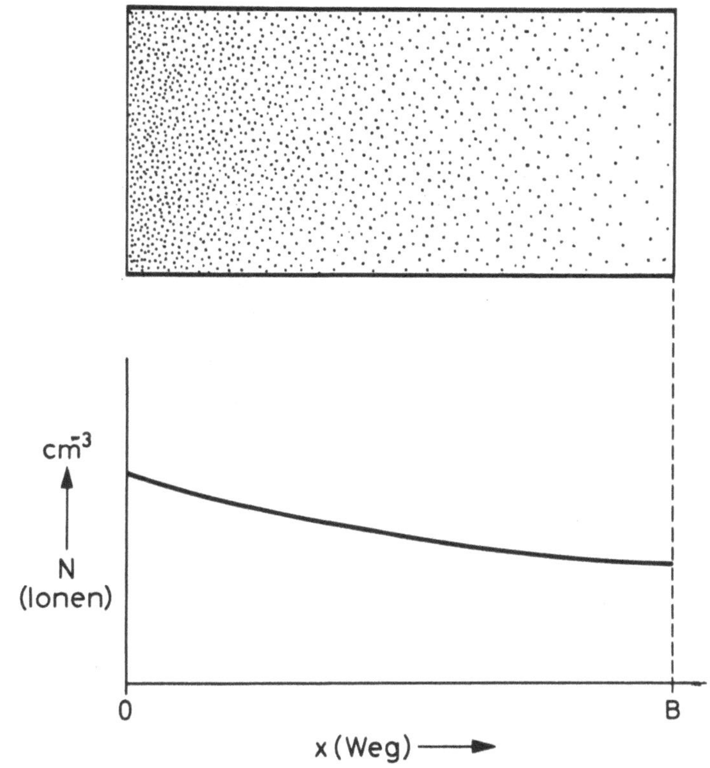

Abb. 25: Schematische Darstellung der Ionenkonzentration im Modulationskondensator bei merklicher Rekombination.

tionskondensator bedeutet das eine größere Ionendichte am Kondensatoreingang als am Ausgang, wie in Abb. 25 schematisch dargestellt ist. Zur genauen Bestimmung des Verlaufs der Ionenkonzentration im gefüllten Modulationskondensator ist die Rekombinationsgleichung:

$$\frac{dN}{dt} = -\alpha \cdot N^2 \qquad (11.4.3)$$

zu lösen. Man erhält:

$$N = \frac{N_o}{N_o \cdot \alpha \cdot t + 1}, \qquad (11.4.4)$$

wenn wieder N_o die Ionendichte am Kondensatoreingang, α der Rekombinationskoeffizient und t die Zeit nach dem Eintritt in den Kondensator ist.

Da sich die Ionen mit der Geschwindigkeit v im Gasstrom fortbewegen, gilt für eine Stelle x hinter dem Kondensatoreingang $t = \frac{x}{v}$, so daß dort die Trägerkonzentration

$$N = \frac{N_o}{N_o \cdot \frac{\alpha}{v} \cdot x + 1} \qquad (11.4.5)$$

beträgt.

Im gesamten Volumen des gefüllten Modulationskondensators befinden sich daher nicht

$$N_o \cdot q \cdot B,$$

sondern mit Gl. (11.4.5) nur

$$q \cdot \int_{x=0}^{B} N(x) \cdot dx = \frac{v \cdot q}{\alpha} \cdot \ln\left(1 + \frac{N_o \cdot \alpha}{v} \cdot B\right) \qquad (11.4.6)$$

Ionen, so daß zur Erzeugung der Stromspitze (vgl. Abb. 23) nach dem Einschalten von U_s nicht die volle, dem Volumen des Modulators entsprechende Ladungsmenge

$$N_o \cdot e \cdot q \cdot B,$$

sondern nur eine solche vom Betrage

$$Q = e \cdot \frac{v \cdot q}{\alpha} \cdot \ln\left(1 + \frac{N_o \cdot \alpha}{v} \cdot B\right) \qquad (11.4.7)$$

zur Verfügung steht.

Die Ladungsmenge Q wird, sofern $x_L \ll B$ ist, in so kurzer Zeit $(t = \frac{x_L}{v})$ abgesaugt, daß während dieser die weitere Rekombination vernachlässigt werden darf. Der mittlere Strom $\overline{I}_m$ im Modulator wird damit nach Abb. 23, wenn man dort I_1 durch

$$e \cdot \frac{v \cdot q}{\alpha} \cdot \frac{v}{x_L} \cdot \ln\left(1 + \frac{N_o \cdot \alpha}{v} \cdot B\right)$$

ersetzt:

$$\overline{I}_m = \frac{N_o \cdot e \cdot q \cdot v \cdot (\frac{T}{2} - \frac{x_L}{v}) + \frac{e \cdot q \cdot v}{\alpha} \cdot \ln(1 + \frac{N_o \cdot \alpha}{v} \cdot B)}{T}$$

$$= N_o \cdot e \cdot q \cdot \left[\frac{v}{2} + \left\{ \frac{v}{\alpha \cdot N_o} \cdot \ln(1 + \frac{N_o \cdot \alpha}{v} \cdot B) - x_L \right\} \cdot f \right] \qquad (11.4.8)$$

Aus der Bedingung $\overline{I}_m = N_o \cdot e \cdot q \cdot v$ folgt mit Gl. (11.4.8) eine gegenüber der Grenzfrequenz f_g des Abfangsystems erhöhte Grenzfrequenz f_g' für den Modulator.

Wie man leich erkennt, wird f_g im Gegendsatz zu f_g' durch Rekombination nicht beeinflußt. Da nämlich die (relativ hohe) Abfangspannung am Abfangsystem permanent anliegt, werden dort im Gegensatz zum Modulator stets alle Ionen am gleichen Ort, d.h. praktisch am Eingang dieses Systems, abgefangen. Infolgedessen vermindert die Rekombination alle Abfangströme $\overline{I}_{Abf.}(f)$ um den gleichen Faktor, wovon die Grenzfrequenzen f_g selbst ($\overline{I}_{Abf.}(f_g) = 0$) unberührt bleiben.

Wie im folgenden gezeigt werden soll, ist sowohl die Größe $\Delta \overline{I}$ in Abb. 24 als auch die Stromdifferenz $\overline{I}_m(f \rightarrow 0) - \overline{I}_{Abf.}(f \rightarrow 0)$ ein Maß für den Rekombinationskoeffizienten α.

Nach Abb. 24 ist

$$\Delta \overline{I} = N_o \cdot e \cdot q \cdot v - \overline{I}_m(f_g) \qquad (11.4.9)$$

Setzt man hierin $\overline{I}_m$ nach Gl. (11.4.8) mit $f = f_g$ und $v = 2(B - x_L) \cdot f_g$ ein, so erhält man

$$\Delta \overline{I} = N_o \cdot e \cdot q \cdot (B - x_L) \cdot f_g \cdot \left(1 - \frac{\frac{2 \cdot (B - x_L) \cdot f_g}{\alpha \cdot N_o} \cdot \ln\left(1 + \frac{N_o \cdot \alpha \cdot B}{2 \cdot (B - x_L) \cdot f_g}\right) - x_L}{B - x_L}\right) \qquad (11.4.10)$$

Man überzeugt sich leicht, daß $\Delta \overline{I}$ für $\alpha \rightarrow 0$ bzw. für $f_g \rightarrow \infty$ (was unendlich hohe Strömungsgeschwindigkeit bedeutet) gegen Null geht, wie es erforderlich ist.

In Gl. (11.4.10) werde der Logarithmus entwickelt und nach dem 2. Glied abgebrochen, was sicher erlaubt ist, wenn

$$\frac{N_o \cdot \alpha \cdot B}{2 \cdot (B - x_L) \cdot f_g} \ll 1 \qquad (11.4.11)$$

ist. Man erhält dann

$$\Delta \overline{I} \approx \frac{N_o^2 \cdot e \cdot q \cdot B^2}{4 \cdot (B - x_L)} \cdot \alpha \qquad (11.4.12)$$

und für den Rekombinationskoeffizienten

$$\alpha = 4 \cdot \frac{\Delta \overline{I} \cdot (B - x_L)}{N_o^2 \cdot e \cdot q \cdot B^2} \qquad (11.4.13)$$

In Gl. (11.4.13) für α ist noch die unbekannte Ionenkonzentration N_o durch bekannte Größen auszudrücken. Man erhält N_o aus den beiden Beziehungen

$$\overline{I}_m(f \rightarrow 0) = N_o \cdot e \cdot q \cdot \frac{v}{2} \qquad (11.4.14)$$

und

$$v = 2 \cdot (B - x_L) \cdot f_g \qquad (11.4.15)$$

als

$$N_o = \frac{\overline{I}_m (f \rightarrow 0)}{e \cdot q \cdot (B - x_L) \cdot f_g} . \qquad (11.4.16)$$

Damit wird der Rekombinationskoeffizient α näherungsweise, wenn x_L als sehr klein gegen B vernachlässigt werden darf und die Bedingung (11.4.11) erfüllt ist:

$$\alpha \approx 4 \cdot \frac{\Delta \overline{I} \cdot e \cdot q \cdot B \cdot f_g^2}{\overline{I}_m^2 (f \rightarrow 0)} . \qquad (11.4.17)$$

Auch mit der Differenz der Nullströme des Modulations-, $\overline{I}_m (f \rightarrow 0)$, und des Abfangsystems, $\overline{I}_{Abf.} (f \rightarrow 0)$, kann ein Ausdruck für den Rekombinationskoeffizienten α gebildet werden. Ist c der Abstand zwischen den Eintrittsöffnungen des Modulationskondensators und des Abfangsystems, wo praktisch alle Ionen des vorderen bzw. des hinteren Systems abgefangen werden (bei sehr tiefen Modulationsfrequenzen und hohen Spannungen U_s gilt das auch für den Modulationskondensator), so ist wegen Gl. (11.4.5) der Quotient:

$$\frac{\overline{I}_{Abf.} (f \rightarrow 0)}{\overline{I}_m \ (f \rightarrow 0)} = \frac{1}{N_o \cdot \frac{\alpha}{v} \cdot c + 1} \qquad (11.4.18)$$

und man erhält

$$\alpha = \frac{v}{N_o \cdot c} \cdot \frac{\overline{I}_m (f \rightarrow 0) - \overline{I}_{Abf.} (f \rightarrow 0)}{\overline{I}_{Abf.} (f \rightarrow 0)} \qquad (11.4.19)$$

Ersetzt man wieder v nach Gl. (11.4.15) und N_o nach Gl. (11.4.16) und vernachlässigt $x_L \ll B$, so erhält man

$$\alpha = 2 \cdot \frac{e \cdot q \cdot B^2 \cdot f_g^2}{c} \cdot \frac{\overline{I}_m (f \rightarrow 0) - \overline{I}_{Abf.} (f \rightarrow 0)}{\overline{I}_m (f \rightarrow 0) \cdot \overline{I}_{Abf.} (f \rightarrow 0)} \qquad (11.4.20)$$

Nach Gl. (11.4.20) ergibt sich für die in Abb. 24 dargestellte Messung ein Rekombinationskoeffizient von

$$\alpha = 6,3 \cdot 10^{-4} \ \frac{cm^3}{sec}$$

was nach LOEB [5] für frische Ionen und die Bedingungen, unter denen gemessen wurde, ein akzeptabler Wert ist. Für die Messungen nach Abb. 24 und mit dem obigen Rekombinationskoeffizienten α ist die Bedingung (11.4.11), die Gl. (11.4.13) zugrunde liegt, nicht mehr erfüllt. Deshalb liefert Gl. (11.4.13) einen α-Wert ($\alpha = 1,5 \cdot 10^{-4} \ \frac{cm^3}{sec}$), der nicht mit dem oben angegebenen übereinstimmt. Es ist möglich, daß der mit Gl. (11.4.20) berechnete Rekombinationskoeffizient etwas zu groß ausfiel, weil durch die zwischen Modulator und Abfänger angebrachten Abschirmringe Ionen verloren gingen.

12. Nachwort

Der hier beschriebene Strömungsmesser ist Bestandteil einer Mesosphären-Sonde, die in unserem Institut entwickelt wurde. Sie soll als ESRO-Experiment C 33 voraussichtlich im Januar 1968 mit einer Centaur-Rakete geflogen werden. Unabhängig von diesem Experiment soll das Gerät - zum Teil in Kombination mit anderen Sonden - für weitere Raketenexperimente in der Mesosphäre verwendet werden.

Die finanziellen Mittel für die Entwicklung der Sonde und die Beschaffung der Vakuumapparatur wurden uns vom Bundesministerium für wissenschaftliche Forschung zur Verfügung gestellt (Förderungsvorhaben WRK 84, WRK 85, Teilbeträge von WRK 19), wofür wir sehr danken. Dank schulden wir besonders unserem Direktor, Herrn Professor Dr. W. Dieminger, für die Möglichkeit, dieses Vorhaben durchzuführen, sein Interesse am Fortgang dieser Arbeiten und für seine großzügig gewährte Unterstützung. Herr cand. phys. R. Borchers führte einen Teil der praktischen Messungen aus. Nicht unerwähnt möchten wir den Beitrag unserer handwerklichen Mitarbeiter W. Jahn, Strogies und Meineke lassen, von denen die Muster und Serienausführungen des Strömungsmessers gefertigt worden sind.

Zusammenfassung

Es wird eine Vorrichtung beschrieben, die erlaubt, bei niedrigem Gasdruck Strömungsgeschwindigkeiten in Rohren von zylindrischem oder rechteckigem Querschnitt mit guter Genauigkeit zu messen. Das angewandte Meßverfahren setzt voraus, daß eine genügend große Anzahl elektrisch geladener Teilchen (Ionen) in der zu untersuchenden Strömung mitgeführt wird. Für Messungen im Bereich der tiefen Ionosphäre (80 - 40 km) genügt die natürliche, durch solare UV- und Röntgenstrahlung erzeugte Ionisation. Nutzt man diese zur Messung aus, so kann neben der Durchströmungsgeschwindigkeit die absolute Ladungsträgerkonzentration bestimmt werden. Durch geeignete Schaltung ist es möglich, die Konzentration positiver und negativer Ladungsträger getrennt zu messen.

Die Funktionsweise des Gerätes wird diskutiert. Seine Grenzen, Möglichkeiten und Fehlerquellen werden abgeschätzt. Das Ergebnis der theoretischen Betrachtungen wird mit den Resultaten eines Modellversuches verglichen, der im Druckbereich zwischen 1,5 und 10 Torr ausgeführt wurde. Es gelang, die Strömungsgeschwindigkeit bis auf wenige Prozent genau reproduzierbar zu messen.

Summary

A device is described which allows to measure the airflow through cylindrical or rectangular-shaped tubes at low static pressures with fairly good accuracy. The measuring principle applied assumes, that a sufficient number of electrically charged particles (ions) are carried within the airflow to be investigated.

For measurements taken in the low ionosphere (80 to 40 km) the number of ions produced by solar UV- and X-rays are sufficient. If this natural production of ions is used for measurement it is possible also to determine additionally the absolute concentration of charged particles. By using the appropriate electrical circuit the concentration of positively and negatively charged particles can be measured separately.

The operational principles of the device is discussed. Its limitations, possibilities and sources of error are estimated. The results of theoretical considerations are compared with the results of model experiments made in the pressure range between 1,5 and 10 Torr. In these experiments it was possible to measure the air flow velocity with a reproducability of a few percent.

Literaturverzeichnis

[1] ISRAËL, H. : "Atmosphärische Elektrizität". - Akademische Verlagsgesellschaft, Geest und Portig KG, Leipzig 1957.

[2] LUSCHER, E. : Brit. Journ. App. Phys. 4, 284, 1953.

[3] COOLY, W. C. and H. G. STEVER: Rev. Sci. Instrum. 23, 151, 1952.

[4] VOICE, E. W., E. B. BELL, and P. K. GLEDHILL : Journ. Iron St. Inst. 177, 423, 1954.

[5] LOEB, L. B. : "Basic Processes of Gaseous Electronics". - University of California Press, Berkeley and Los Angeles 1961.

[6] ESCHENBACH, H. L. : "Praktikum der Hochvakuumtechnik". - Akademische Verlagsgesellschaft Geest und Portig KG, Leipzig 1962.

[7] CIRA 1965 : Cospar Internat. Ref. Atmosphere 1965, North-Holland Publ. Comp., Amsterdam 1965

Verzeichnis der Mitteilungen aus dem Max-Planck-Institut für Physik der Stratosphäre

---

Nr. 1/1953 Über den Beitrag der von μ - Mesonen angestoßenen Elektronen zu den Ultrastrahlungsschauern unter Blei. G. Pfotzer

Nr. 2/1954 Ein Zählrohrkoinzidenzgerät zur Registrierung der kosmischen Ultrastrahlung. A. Ehmert

Eine einfache Methode zur Einstellung und Fixierung des Expansionsverhältnisses von Nebelkammern. G. Pfotzer

Nr. 3/1954 Optische Interferenzen an dünnen, bei -190^{0}C kondensierten Eisschichten. Erich Regener (vergriffen)

Nr. 4/1955 Über die Messung der Temperatur des atmosphärischen Ozons mit Hilfe der Huggins-Banden. H. Zschörner und H. K. Paetzold

Nr. 5/1956 Ein neuer Ausbruch solarer Ultrastrahlung am 23. Februar 1956. A. Ehmert und G. Pfotzer, vergriffen (erschienen Z. Naturforschung 11a, 322, 1956)

Nr. 6/1956 Das Abklingen der solaren Ultrastrahlung beim Ausbruch am 23. Februar 1956 und die geomagnetischen Einfallsbedingungen. A. Ehmert und G. Pfotzer

Nr. 7/1956 Die Impulsverteilung der solaren Ultrastrahlung in der Abklingphase des Strahlungseinbruches am 23. Februar 1956. G. Pfotzer

Nr. 8/1956 Die atmosphärischen Störungen und ihre Anwendung zur Untersuchung der unteren Ionosphäre. K. Revellio

Nr. 9/1956 Solare Ultrastrahlung als Sonde für das Magnetfeld der Erde in großer Entfernung. G. Pfotzer

*

Die vorstehenden Hefte können beim Max-Planck-Institut für Aeronomie, 3411 Lindau angefordert werden.

Mitteilungen aus dem Max-Planck-Institut für Aeronomie

Nr. 1 (S) Waibel: Messungen von Primärteilchen der kosmischen Strahlung.

Nr. 2 (S) Erbe: Auswirkung der Variationen der primären kosmischen Strahlung auf die Mesonen- und Nukleonenkomponente am Erdboden.

Nr. 3 (I) Kohl: Bewegung der F-Schicht der Ionosphäre bei erdmagnetischen Bai-Störungen.

Nr. 4 (I) Becker: Tables of ordinary and extraordinary refractive indices, group refractive indices and $h'_{o,x}(f)$-curves or standard ionospheric layer models.

Nr. 5 (S) Schröpl: Über eine Neubestimmung des Absorptionskoeffizienten von Ozon im Ultraviolett bei kleinen Konzentrationen.

Nr. 6 (S) Erbe: Ergebnisse der Ballonaufstiege zur Messung der kosmischen Strahlung in Weissenau und Lindau.

Nr. 7 (S) Meyer: Elektromagnetische Induktion eines vertikalen magnetischen Dipols über einem leitenden homogenen Halbraum.

Nr. 8 (I u. S) Dieminger und Mitarb.: Die geophysikalischen Ereignisse des 12. - 14. November 1960.

Nr. 9 (S) Pfotzer, Ehmert, and Keppler: Time Pattern of Ionizing Radiation in Balloon Altitudes in High Latitudes.
Part A, Text; Part B, Figures and Diagrams.

Nr. 10 (S) Waibel: Eine Ballonsonde zur Messung von Röntgenstrahlung und solarer Ultrastrahlung.

Nr. 11 (S) Voelker: Zur Breitenabhängigkeit erdmagnetischer Pulsationen.

Nr. 12 (S) Jaeschke: Registrierung von Pulsationen im südlichen Niedersachsen als Beitrag zur erdmagnetischen Tiefensondierung.

Nr. 13 (S) Meyer: Elektromagnetische Induktion in einem leitenden homogenen Zylinder durch äußere magnetische und elektrische Wechselfelder.

Nr. 14 (S) Kremser: Über den Zusammenhang zwischen Röntgenstrahlungs-Ausbrüchen in der Polarlichtzone und bayartigen erdmagnetischen Störungen.

Nr. 15 (S) Keppler: Messung von Röntgenstrahlung und solaren Protonen mit Ballongeräten in der Nordlichtzone.

Nr. 16 (S) Kirsch: Die Anisotropien der kosmischen Strahlung.

Nr. 17 (S) Guilino: Ausbau eines Wechsellichtmonochromators und seine Anwendung zur Messung des Luftleuchtens während der Dämmerung und in der Nacht.

Nr. 18 (S) Pfotzer and Ehmert: Measurements of High Energetic Auroral Radiations with Balloon-Borne Detectors in 1962 and 1963
Part A to C, Text; Part D, Figures and Diagrams.

Nr. 19 (I) Hartmann: Bestimmung wichtiger Satellitenpositionen mit Hilfe graphischer Darstellungen.

Nr. 20 (S) Keppler: Über die Eigenschaften von Zählrohren und Ionisationskammern in verschiedenartigen Strahlungsfeldern. - Zur Interpretation von Röntgenstrahlungsmessungen in Ballonhöhe in der Nordlichtzone.

Nr. 21 (S) Siebert: Zur Theorie erdmagnetischer Pulsationen mit breitenabhängigen Perioden.

Nr. 22 (S) Meyer: Zur 27 täglichen Wiederholungsneigung der erdmagnetischen Aktivität, erschlossen aus den täglichen Charakterzahlen C 8 von 1884-1964.

Nr. 23 (S) Frisius: Über die Bestimmung von Längstwellen - Ausbreitungsparametern aus Feldstärkemessungen am Erdboden.

Nr. 24 (I) Ma: Einfluß der erdmagnetischen Unruhe auf den brauchbaren Frequenzbereich im Kurzwellen-Weitverkehr am Rande der Nordlichtzone.

Nr. 25 (S) Kremser, Keppler, Bewersdorff, Saeger, Ehmert, Pfotzer, Riedler, Legrand: X - Ray Measurements in the Auroral Zone from July to October 1964.

Nr. 26 (I) Stubbe: Theoretische Beschreibung des Verhaltens der nächtlichen F - Schicht.

Nr. 27 (S) Wilhelm: Registrierung und Analyse erdmagnetischer Pulsationen der Polarlichtzone, sowie ein Vergleich mit Bremsstrahlungsmessungen.

Nr. 28 (S) Fabian: Über eine neue Ozonradiosonde und Untersuchung von Lufttransporten in der unteren Stratosphäre.

Nr. 29 (S) Specht: Über die Absorptions- und Emissionsstrahlung der atmosphärischen Ozonschicht bei der Wellenlänge 9,6 μ.

MIX
Papier aus verantwortungsvollen Quellen
Paper from responsible sources
FSC® C105338

If you have any concerns about our products,
you can contact us on
ProductSafety@springernature.com

In case Publisher is established outside the EU,
the EU authorized representative is:
Springer Nature Customer Service Center GmbH
Europaplatz 3, 69115 Heidelberg, Germany

Printed by Libri Plureos GmbH
in Hamburg, Germany